眾籌

無所不籌・夢想落地

全球八大名師亞洲首席 **王擎天**博士 / 著

CROWDFUNDING

Dreams Come True

模仿卓越，那人已在燈火闌珊處

臺灣的「眾籌」（群眾募資）活動近年開始熱絡起來，有不少成功案例，無論是社會運動、公益活動，還是文創、科技產品，都受到許多贊助者的支持。「眾籌」確實是種充滿魅力的籌資方式，除了能解決初創企業的資金短缺問題之外，還能同時測試市場水溫，達到產品行銷的效果。

吾友擎天在書中闡述了貫穿「眾籌」的三大主張模式，分別為「價值主張」、「價值傳遞」與「價值實現」，並強調任何商業模式都以「價值主張」為核心，可說是本書的菁華所在。

在《眾籌：無所不籌・夢想落地》當中，字裡行間可見擎天兄獨樹一格卻又不過於艱澀難懂的觀點論述，讓讀者能逐步地掌握從認識「眾籌」到實際操作「眾籌」的過程中所須瞭解的關鍵要點，更分析了可幫助讀者撰寫更好個人提案的眾籌經典案例，同時也提點了諸多能使讀者找到調整方向的實作訣竅，而有能力去修改出成功率更高的個人眾籌提案。

現今海內外都有許多眾籌平臺，你可以將你的創意點子上架，你就可以籌到任何你想要的資源。但是，一定成功嗎？不一定，這需要端看網路上的群眾買不買單你的創意、你的表達方式、甚至是你的行銷方式了！因此，想藉由「眾籌」創業的人需要學行銷，如果「眾籌」能夠與行銷結合，就能「無所不能」。

讀者很幸運，擎天兄正是臺灣著名的行銷學大師，更是兩岸培訓界眾籌教練的第一把交椅。最重要的成功祕訣在於：要用「已經證明有效」的成功方法！也就是，向卓越者學習，做卓越者所做的事情，瞭解卓越者的思考模式，並運用在自己身上，然後再以自己的風格創造出一套自己的卓越理論！

驀然回首，那人卻在燈火闌珊處，擎天兄就是諸位讀者可運用的「模

仿卓越」技巧的最佳對象！讀者若能參與擎天兄的「眾籌」課程，不只能學到「眾籌」實作的全套方法，更能學習到「成功創業的流程」與「行銷的訣竅與方法」，相信定能離你的目標或夢想更近、更快。

而夢想是否能實現，需要「實力」與「勇氣」，再摻雜點「運氣」，這也是《眾籌：無所不籌 ‧ 夢想落地》的重點所在。本書可說是一本全方位的「成功眾籌攻略」，它能教你許多有效降低失敗機率的方法，並且能活化你的思維，激發你的創造、思考力與執行力。

擎天兄撰寫這本《眾籌：無所不籌 ‧ 夢想落地》的目的，除了以最簡單的說明、最實用的角度帶領讀者朋友們修正自己，一一破除目標達成前的各種阻礙。我想最重要的，還是在於帶領讀者「放對心態」、「找對方法」的積極作用。

因擎天兄憑藉一雙手、一支筆，親自將昔日的夢想都實現了。他靠著自己的力量，在二十年內從無到有，創辦了輻射全球的華文內容產業集團與全球華文聯合出版平台，擎天兄所賦有之瞬思力、即戰力、社交力等等，都是他擁有著自己獨到且卓越的成功心法的證明。如今，擎天兄願意將己身琢磨許久的優秀能力、成功特質以及目標的實行技巧公開於社會大眾，便是成就了一件人間美事。

欣聞今年六月擎天兄將舉辦「世界華人八大明師大會」，同時擔任主講人之一，相信以他的多年功力必可將自身的所學發揮得淋漓盡致，僅此也預祝大會圓滿成功！

本人於此，誠心將此書推薦給有心於世的創業者們，盼喜愛閱讀、對自己有所期待、與始終找不到正確方法創業募資的朋友們，可以藉由此書幫助自己順利找尋到各種所需的資源，並也能成為成功眾籌的一個典範。

柯明朗
於中歐國際工商學院

作 者 序

集眾人之智，籌眾人之力，圓眾人之夢

　　如果有一天，你有一位只有 idea，沒有資金的朋友突然成功創業了，不要吃驚，因為他可能從「眾籌」而來；如果有一天，你有一位只有閒散資金，沒有投資目標的朋友突然獲得了多種投資回報，不要吃驚，因為他可能從「眾籌」而來。

　　「眾籌」，就是群眾募資，英文名為「Crowdfunding」，顧名思義就是向群眾募集資金來執行提案，或者推出新產品或服務，目的是尋求有興趣的支持者、參與者、購買者，藉由贊助的方式，幫助提案發起人的夢想實現。

　　如果你想要創業，或者是單純地想讓你的事業經營得更好，「眾籌」更提供了一個絕佳的機會可以試水溫。想創業的人一定要避免專注在找店面、找辦公室、找產品，因為關鍵在於「找客戶」與「找團隊」。你能利用「眾籌」找出屬於你的產品或服務的客群在哪裡，甚至產品還不需要製作出來，可以利用 3D 模擬展示出來，只要一切合法就沒問題。一旦發現市場對你的提案反應不如預期，你就可以抽手不做。千萬不要辭職之後，才去「眾籌」創業，因為過去很多上班族的做法是：先辭職，然後將過去所存的積蓄拿出來租一個店面，開始賣起商品，結果最後倒閉了，這樣實在很可惜。如果你有 idea，就可以將它寫成一個完整的提案，上架到眾籌平臺，看看是否能募資成功，成功的話，你再辭掉你原本的工作，對你來說，生活也能更有保障，所以「眾籌」可以助您騎驢找馬是也！

　　在「眾籌」的過程中，你不僅能籌到資金，更能籌到人才、智慧、經驗、資源、技術、人脈等多方面的支持和幫助。無論你是普通人，還是頂尖人物，只要你有想法、有創造力，都能在眾籌平臺上發起提案集資，因為眾籌平臺就是一個實現夢想的舞臺。

　　追根溯源，「眾籌」的出現，是互聯網金融發展到一定階段的必然產

物，同時也是大眾供需的大勢所趨。從根本來說，「眾籌」的出現有其現實基礎：一方面，投資人有對好項目投資的需求，另一方面，初創事業也有籌錢、籌人、籌智、籌資源的需求，兩者對於提供媒合的眾籌平臺有著強大需求。同時，平臺方面也可以透過幫助創業提案融資成功而賺取佣金，因此平臺建構方面有此需求，也有動力。

正是這種多方需求，促成了「眾籌」的誕生，並催生其發展迅速，可謂大勢所趨。眾籌雖然順應了趨勢，能為多方創造利益和價值，但只要是投資，就必然存在著風險。「眾籌」仍存在著退出機制不完善、政策尚未明朗、缺乏有效的監管機制、公眾認知度低等風險，這些都在一定程度上影響群眾的判斷與大家對「眾籌」的信心。

作為新興商業模式，「眾籌」具有「集眾人之智，籌眾人之力，圓眾人之夢」的屬性，越來越多人都想從中分一杯羹，在「眾籌」飛速發展之後，必將是大規模的「蜂擁而至」，這勢必使得「眾籌」的形式與發展更加地複雜多變。

然而不可否認的是，政策在開放、法規在健全、平臺以及投後的管理工作也在逐步地完善。因此，有「道」：大勢所趨，有「術」：利他共贏，「眾籌」勢必會往更良性的方向發展。

巧用「眾籌」，就能同時能找市場、找團隊、甚至能測水溫，更可以找出社群，融入社群，甚至從社群中找出你的團隊成員，也可以讓社群發揮「六眾」（眾籌、眾扶、眾包、眾持、眾創、眾銷）的力量，乃至於「N眾」。當你欠缺「 」，就可眾「 」，你所欠缺的一切資源在網路上找就對了！「眾籌」能使你有效解決人生問題。

觀現象、說趨勢、闡明觀點、指導實作方法，這是筆者創作本書的目的。任何變革和推進，或者任何一個新事物的出現，都必定需要經歷一場漫長的轉變和適應，但無論如何，「眾籌」前景可觀，未來，「眾籌」勢必成為金融與實業領域一個成熟的最佳模式。

王醒民

于台北上林苑

CONTENTS

Chapter ① 眾籌——資本時代的全新融資方式

Chapter ② 發展——從萌芽到全民參與

CONTENTS

Chapter 6 實例——實作成功的眾籌提案

Chapter 7 投資——如何選擇眾籌優勢提案？

Chapter **8** 風險——眾籌的風險與法律問題

Chapter **9** 未來——眾籌的未來趨勢演變

CROWDFUNDING
Dreams Come True

眾籌

資本時代的全新融資方式

相對於傳統融資方式，「眾籌」商業模式更為開放，並且
具有門檻低、提案類型多元、資金來源廣泛、注重原始精
神等特性，為更多小本經營及創作者提供了無限的可能，
無論是籌錢、籌人、籌智、籌資源……無所不能籌。

1-1　借他人之力，實現你的夢

　　你的身邊可能有這樣的一群人，他們腦袋靈活，點子特多，總是能策劃出一些好的提案，但由於缺乏資金、融資困難，夢想經常最後變成了空想；你的身邊或許還有另外一群人，他們手裡有一定的資金，想要投資一些好的標的，卻苦於找不到屬意的那一個。不用擔心，眾籌平臺將成為「好點子」和「新台幣」的紅娘，能為兩者牽線媒合，促成雙贏。

　　「眾籌」的創業趨勢近年火到不行，那麼，究竟什麼是「眾籌」？「眾籌」從字面上來看，指的就是「籌集眾人的力量」，臺灣稱為「群眾募資」（Crowdfunding），也就是向群眾募集資金，目的是作為實行提案或是推出產品或服務的一種融資方式。

　　在「眾籌」模式裡，主要由「提案發起人」、「提案贊助人（投資人）」與「眾籌平臺」三方所構成。「提案發起人」多數是擁有創造能力卻缺乏資金的人，也就是「資金的需求者」，例如：設計師、藝術家、小企業家或者自由工作者。「眾籌」使獨立創業者能以小搏大，小企業家、藝術家或個人都能對社會展示他們的創意，爭取群眾的關注與支持，進而獲得所需的資金援助。

　　不過，在諸多眾籌平臺的實際運作上來看，眾籌提案的發起人並不僅僅只限於這類型的人，特別是公益取向提案，其發起人在身分與理念上，更是經常顛覆眾籌最初給人的概念。

　　然而無論是什麼身分，眾籌平臺上的提案發起人或組織通常都具有一個共通點，那就是——他們多數都只是「草根」（也就是普通人），但他們擁有創意與獨特的思想，透過個人的魅力與善念，他們感動與引導了更多的贊助者或粉絲支持自己的提案，除了贊助之外，更一起成功完成了提

案。

總體來說，眾籌平臺就是一個實現夢想的舞臺，無論你是普通人，還是公司老闆，只要你有想法、有創造力，都可以在眾籌平臺上發起你自己的提案來募資。提案的支持者主要是一般大眾，他們沒有太雄厚的財力，但手上的錢一樣可以根據個人喜好而進行贊助，更不用說眾籌平臺上的提案往往也受到各創投公司極大的關注，一個好的眾籌案如果獲選為投資標的，那麼提案發起人再也無須擔憂資源何處來。

相對於傳統融資方式，「眾籌」更為開放，並且具有門檻低、提案類型多元、資金來源廣泛、注重原始精神等特性，為更多小本經營及創作者提供了無限的可能，無論是籌錢、籌人、籌智、籌資源……無所不能籌。

眾籌的主旨就在於藉由各界的贊助與支持，讓對你的提案、產品或服務有興趣的群眾或者創投，幫助你更快地實現夢想。

巨剛（老巨）是位著名的產品概念設計師，畢業於西安美術學院，一直從事與酒相關產品概念的設計工作，他打算透過眾籌的方式推出一款有情懷的產品——「巨剛眾酒」，這是他第一次嘗試進行酒類的眾籌案。

當他把這個想法告訴朋友的時候，幾乎周遭所有人都認為這個眾籌案不會成功，本來信心滿滿的巨剛心裡也開始動搖了。在仔細思索、認真分析之後，他在網頁上的宣傳文案上特別提出了「微醺」的概念。

在他看來，純手工釀製、黃酒、哥窯裂片釉等要素都是為了達到「微醺」狀態，「微醺」才是喝酒的最佳狀態，而黃酒是最容易達到微醺的酒種。他透過自身的「手藝」和產品設計上的優勢來吸引共同興趣的人，這些人不一定酒量特別好，所以強調的是「微醺」的程度，巨剛認為這才是個人消費酒類產品的終極訴求。

完成提案策劃之後，巨剛找上中國最具影響力的眾籌平臺——「眾籌網」。巨剛將提前策劃好的宣傳文案放到了眾籌網上，設定的籌資目標為99,000元（人民幣）。在提案說明裡，巨剛詳細列出了給贊助者的回報方案：

◆支持99元，送純手工釀造陳年紹興黃酒1瓶（1斤裝）。

◆支持594元，送純手工釀造陳年紹興黃酒1瓶（1斤裝），獲贈老巨圍爐煮酒雅集名額1個。

◆支持2,940元，送純手工釀造陳年紹興黃酒30瓶（5箱），獲贈老巨圍爐煮酒雅集名額5個，為您私人訂製個性化封酒籤。

◆支持11,880元，送純手工釀造陳年紹興黃酒120瓶（20箱），為您私人個性化封酒籤，老巨會為您組織一場20人以內的圍爐煮酒雅集。

最終，令巨剛沒有想到的是，到提案結束時他共募集了179,883元，超額182%完成了目標！

圖1-1 ▲「巨剛眾酒」募資頁面

以往，囿於資金、資源的種種限制，多數人的夢想只是他自己的夢想，不是胎死腹中，成為一場空；就是艱難啟程，卻鎩羽而歸。然而眾籌卻展露出了人人可參與的強大力量，在眾籌平臺上，你的夢想同時也成為一群人的夢想。

「巨剛眾酒」的案例讓我們更直觀地瞭解什麼是眾籌，以及眾籌的運作方式，從中也看出相較於傳統「高、大、上」（意指高端、大氣、上檔次）的融資模式，眾籌更像是「草根」與「草根」、「草根」與「創投」之間的互動——用一群草根的力量來支持一個草根的夢想、用創投的力量來支持一個草根的夢想，這種帶有情感面的投資方式使眾籌有了更多的人

情味。

此外，透過眾籌，提案發起人不但籌募到了所需資金，還能與參與者有效互動，這種互動就是一種市場調查，不但可以促使發起人更好地完善他的產品，還能有效規避因發起人不完整的企劃而可能帶來的風險與資源浪費。

眾籌的募資基本上可分為以下兩種方式：

| All Or Nothing | 於期限內未達成募資目標門檻，則不能獲得資金。 |
| Keep It All | 無論募資目標門檻是否達成，都能獲得最後所募資金。 |

在臺灣，目前的群眾募資平臺除了「weReport」以超過募資目標一半以上則視為成功，失敗案件亦不退款，而由平臺統籌分配於其他專案之外，眾籌平臺多採「All Or Nothing」（全有或全無）的方式募資。

無論是提案發起人還是贊助人，在開始投入眾籌之前，首先需要清楚眾籌平臺的分類。據歐盟群眾募資網（European Crowdfunding Network），群眾募資可分成以下四種類向：

類型	定義	可能發起人	募資對象
股權式眾籌（Equity）	民眾提供金錢給組織或專案，以換取股權。	企業家、新創事業、企業所有人	投資人、股東
債權式眾籌（Lending）	民眾提供金錢給組織或專案，以換取財務報酬或未來的利益。	創業者、發明者、新創事業、企業所有人	投資人、企業家
回報式眾籌（Reward）	民眾贊助提案人的專案，以換取有價值非財務的報酬。（如：週邊商品、紀念品等）	發明者、電影製作人、音樂工作者、藝術家、作家、非營利組織等	粉絲、特定愛好者、慈善家
捐贈式眾籌（Donation）	民眾捐贈金錢給組織或專案，並不講求實質上的回報。	非營利組織、特殊事件（天災、人禍等）組織者	慈善家、重視社會議題者、相關團體或個人（如受助者家屬等）

❶ 股權式眾籌

最主要的眾籌類向是「股權式眾籌」，「股權式眾籌」指的是透過網路，投資人對提案進行投資，並獲得一定比例的股權，即投資人出錢，發起人讓出一定的股權給投資人，而投資人透過出資入股公司，獲得未來收益。

例如，你想開一間公司，但是缺乏資金，你就可以將眾籌提案或者創業計畫書寫好，使投資人認領，成為你的股東。

以往的公司股東都是創辦人的親朋好友，而且往往只是掛名，真正出資的人其實是創辦人及其父母親，他人沒有出資，市面上很多小公司都是如此。但是股權式眾籌真的可以使提案人找到一群股東出資，並且法令上能保障雙方。

思考一下，世界上的超級富豪是如何產生的？全是靠股票上市，無一例外。意思是，股權式眾籌而來的公司在未來有上市上櫃的可能，如果你創辦了一間公司，你是原始的持有者，未來當這個公司擴大時，你持股的比例就會相當高。

舉例來說，鴻海的創辦人郭台銘身價兩千億，那麼他的存摺上真的有兩千億嗎？沒有，因為郭台銘創辦了鴻海科技集團，他擁有非常多張鴻海的股票，那些股票的市值多少，媒體就會估算他的身價是多少，因為股票市場會將未來所有的收入都「貼現」。

臺灣的股權式眾籌平臺在歷經多次修法後，終於在2015年7月10日正式啟動，臺灣因此成為全球第七個，亞洲第二個實施股權式眾籌的國家。同時，智慧財產也能歸納到股份裡。目前臺灣的股權眾籌平臺主要為由「元富證券」與「第一金證券」取得金管會首批核准股權式群募平臺，二者都可協助企業上市上櫃。「非證券商」由「創夢市集」拔得頭籌，另外櫃買中心營運的「創櫃板」，2015年增加民間企業經營此類平臺的法源，讓募資管道更為多元，三種股權募資平臺分別是創櫃板、證券業者經營的平臺及網路公司經營平臺。

　　而中國大陸的股權眾籌平臺於2011年開始出現，分別是最早的「天使匯」和「創投圈」。2014年至2015 年，平臺數開始爆增成長，至今共有65家平臺，其中不乏大企業的投入，如「阿里巴巴」與「京東」。

② 債權式眾籌

　　「債權式眾籌」指的是透過網路，投資人和籌資人雙方按照一定利率和必須歸還本金等條件出借貨幣資金的一種信用活動形式。也就是投資人是貸款人，籌資人是借款人，投融資雙方通常會約定借款種類、幣種、用途、數額、利率、期限、還款方式、違約責任等內容。

　　「債權式眾籌」通常是籌資人在網路上尋找投資人，並承諾給予投資人高報酬，對雙方來說都有風險。如果你是投資人，會擔心公司是否有倒閉可能，如果你是公司老闆，會擔心投資人是否為黑道人士，因黑道人士專門尋找獲利率30%的公司投資，如果籌資人無法兌現當初承諾的獲利率，就有人身安全上的危險。

　　舉例來說，假設我想開一家公司，但是需要1,000,000元，我就將創業計畫書寫得洋洋灑灑，將公司介紹說得天花亂墜，我把10,000元設為一個單位，找到100個人願意借我，那麼我的公司就可以順利成立。同時，我向這100人保證3年之後事業成功了，我將還每個人15,000元，這就是「債權式眾籌」。

　　「債權式眾籌」在中國大陸已實行兩年多，結果卻是倒掉的公司數量超過一半，並且很多人都是一開始蓄意騙錢，也就是在剛開始時，募資人就沒有打算要成立公司。而且眾籌當中有一種「超額」機制，假設眾籌的目標資金是1,000,000元，最後卻募資到了1,000萬元，募資人就有捲款潛逃的可能。因此，要等上1年、2年之後，募資人才會還你1.2倍、1.5倍的金額，一般來說沒有太大實現的機會，因為募資人當中，有一些早已經逃跑了。

　　「債權型眾籌」成功的關鍵在於風險控管能力，但是如上述，其實風險無法控管，因此建議根本不考慮嘗試「債權式眾籌」。

③ 回報式眾籌

　　「回報式眾籌」指的是透過網路，投資人在前期對提案或公司進行投資，以獲得產品或服務，即我給你錢，你回報我產品或服務。回報式眾籌是目前主流的眾籌模式。

　　臺灣於 2012 年出現「嘖嘖」與「flyingV」等眾籌平臺，很多人對眾籌此一全新融資方式並不是非常瞭解，甚至將「回報式眾籌」與團購混為一談。

　　「回報式眾籌」與團購本質上的區別在於，團購是傳統商業模式，指的是先將產品或服務製造出來，等到進入銷售階段時，為了提高銷售業績而進行的集體購買。

　　但是「回報式眾籌」則是在產品或服務尚處於研發設計或者生產階段時，就進行預售，目的是為了募集啟動和營運資金。同時，也會在這個過程中收集一些早期

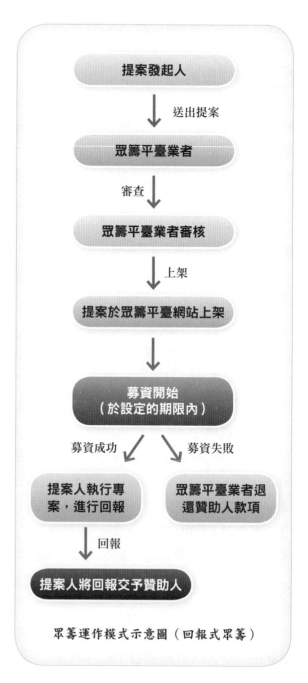

眾籌運作模式示意圖（回報式眾籌）

用戶的需求，對產品進行測試。「回報式眾籌」具有產品或服務不能如期交貨的風險。

臺灣過去比較興盛的商業模式是「回報式眾籌」，投資人先贊助籌資人多少錢，籌資人之後就給投資人多少產品。

例如，我想出一本書，就可以在網路上放上眾籌案，說明我在書中將會收錄哪些內容，如果你贊助500元，等書出版之後就寄給你2本，如果你捐1,000元，等書出版之後就寄給你5本等贊助案型，將我的募資條件完整地列出來。當我募資過了資金門檻，我就能夠順利出版書。同時，我更可以再發一封e-mail詢問贊助人們是否願意參加我的新書發表會，如果願意，則可以依照贊助金額排定座位順序，一舉多得。

④ 捐贈式眾籌

「捐贈式眾籌」指的是透過網路，投資人對提案進行無償捐贈，不要求任何回報，也就是投資人給募資人金錢，募資人什麼都不用給投資人。「捐贈式眾籌」實際上就是做公益，透過眾籌平臺來募集善款。這類眾籌多數帶有公益色彩，往往適用於慈善活動。

舉例來說，筆者的著作《微小中的巨大》裡提到了徐超斌醫師，徐超斌醫師非常偉大，因為台東市有大醫院，但是知本溫泉以南是沒有醫院、也沒有診所的，那裡有四個鄉鎮，卻沒有任何醫生，只有衛生所。衛生所醫師的薪水是8萬元，一般在都市執業的醫生薪水，檯面上是20、30萬元，實際上可能是40、50萬元，誰會願意去台東一個偏僻的地方當衛生所的醫生，月領八萬元呢？然而徐超斌醫師卻願意長駐當地。

南迴地區（臺東屏東間）的車禍致死率為全台之冠，每40件車禍事故就有1人死亡，主要幹道「南迴公路」可說是可怕的死亡公路，長達100公里卻沒有任何一家醫院。鄰近的居民共有2萬多人，對資源匱乏的他們來說，跋山涉水的就醫過程難上加難。因此徐超斌醫師的心願是蓋一座南迴醫院，筆者因深受感動也捐款贊助，這就是不求回報的捐贈式眾籌。

　　總結來說，「股權式眾籌」是投資人成為募資人的股東，而「債權式眾籌」則只是投資人借錢給募資人，「捐贈式眾籌」是投資人單純捐錢給募資人，因為募資人的眾籌案符合公益性，「回報性眾籌」則是與商業結合，募資人有一個商業計畫，等募資完成之後，募資人可以送投資人物品或服務。

　　眾籌是將你的計畫、你的夢想在網路上提出，然後群眾有錢出錢、有力出力去幫助你完成的融資方式。眾籌突破了傳統商業模式的束縛，實現了「集眾人之籌、籌眾人之力、圓眾人之夢」的效果，但是你仍需要透過現有的網路平臺進行，如果你自己去設立一個網站進行眾籌，那麼這個力量與知名度都不能有足夠的影響力。

　　成功的眾籌案能使人有參與感、榮譽感、自豪感，但是眾籌不能保證誰百分之百成功，但是即使失敗了也沒有損失，因為你的失敗在虛擬世界，即便沒有人關注你的眾籌案，也能得知你的產品或服務在市場上的反應並不如你自己預期中的好。

　　地上本來沒有路，走的人多了，便也成了路。任何改變與推進都不是朝夕之間可以完成，都必須經歷漫長的等待與不斷地嘗試，眾籌商業模式也是一樣，目前眾籌在臺灣的發展尚處在初步階段，但無論如何，前景是值得期待的。

1-2 眾籌與傳統商業流程的區別

當時序進入了2016年之後，你必須清楚以下三大思維：

（1）「互聯網思維」（O2O，Online to Offline，也就是「線上對應線下實體」）。

（2）「眾籌思維」（C2B，Consumer to Business，消費者企業之間模式，或C2B模式）。

（3）「跨界思維」（用多種角度看待問題、提出解決方案的思維方式；「越軌」到「無邊界」）。

此三大思維就是三堂課，我將在2016與2017年亞洲八大明師大會上講授「互聯網思維」與「跨界思維」。而本書主要談的是「眾籌思維」（C2B），所謂的「C」是個人、「B」是企業，以往是「B2B」或者「B2C」，然而現在竟可以「C2B」，也就是小蝦米竟可以透過「眾籌」來對抗大鯨魚，因此小蝦米千萬別小看了自己。

那麼，何謂傳統商業流程？首先，你必須先進行「創意發想」，然後進行「研究&開發&設計」（R&D&D, Research and Development and Design）、「製造生產」、「倉儲物流」、「市場行銷」、「通路鋪貨」、「成交」、「訂單處理」、「銷售完成」、「兌現應收帳款（票據）」，等到票據兌現了，你才終於能收到錢。

因此，過去想創業當老闆很辛苦，必須先擁有一筆不小的資金，否則不可能當老闆，因為傳統的「創業」幾乎都是在收到錢之前，要先花很多錢。但是現在的「眾籌」已經改變了舊有模式，「眾籌」可以讓你不花一毛錢、甚至還能先收到一大筆錢，而歐美大陸已經有相當多成功的案例。

在傳統觀念裡，互聯網和金融業可謂是涇渭分明，互不干涉，但隨著

餘額寶（由第三方支付平臺支付寶打造的一項餘額增值服務）、「P2P」（Peer to Peer，點對點通訊傳輸工具）、協力廠商支付、眾籌等模式的出現，此局面被徹底打破，「互聯網金融」成為了時下最熱門的話題。

那麼，何謂互聯網金融？其實，互聯網金融就是傳統金融行業與網路相互結合而產生的一個新型領域，與傳統金融行業相比，互聯網金融具有「開放」、「協作」、「分享」、「平等」的優勢。

近年來，金融模式的創新成為了發展的必然趨勢，中小型企業及創業者數量呈現上升趨勢，而傳統金融模式經過多年的發展，已經基本建立起完善的資金募集和借貸籌資系統，包括信用評估、風險評估和資產抵押等。

企業申請融資之後，相關部門會嚴格按照程序審核企業規模和業績利潤等，這就使得傳統金融模式因有手續繁雜、審核期長、門檻較高的限制而不夠靈活。然而中小企業發展迅速，在融資借貸方面需要更靈活、快捷的管道。在愈發強烈的需求之下，伴隨著互聯網經濟的不斷深入，具有強大競爭力的創新金融模式呈現出強勁的增長態勢。

在互聯網金融崛起的時代，出現電子商務、線上支付、P2P等新興行業，致使不少有實力的平臺正努力拓展此一新的細分領域。而眾籌，便在此背景下應運而生。

眾籌風潮襲捲全球，據相關資料顯示，截至2016年，全球在營運的眾籌平臺已達1,800個，大部分分布在北美地區和歐洲地區。這些平臺合計募集了逾百億美元的資金，並支持了超過450萬個提案。

根據市場研究機構Massolution，2015年全球眾籌市場從2014年的162億美金成長到340億美金。目前以北美最為活躍，其次則為亞洲，且成長率高達320%，尤其以中國最受期待。若以眾籌平臺數量計算，歐洲以48%近一半的高比例拔得頭籌，其次則為北美，亞洲僅排入第3名。

以中國大陸為例，據中國電子商務研究中心監測資料顯示，2014年上半年

中國眾籌行業募集總金額1.88億元。同時預測2025年全球眾籌市場規模將達到3,000億美元，發展中國家將達到960億美元規模，其中有500億美元在中國。自2011年中國引入眾籌模式開始，各個眾籌網站發展迅速。目前眾籌網累計投資人數超過13萬人，在智慧硬體、娛樂、公益等多個領域的提案籌集資金超過5,000萬元。

「眾籌」、「協力廠商支付」、「P2P」的快速崛起將互聯網金融推向了一個新的高潮，在不知不覺中，互聯網金融以迅雷不及掩耳之勢席捲了整個中國大陸，其速度之快，令人咋舌。

作為新興的金融模式，眾籌融資在中國有了相當的發展，「眾籌網」、「點名時間」、「大家投」、「天使匯」、「創投匯」等平臺都不斷地在發展壯大，然而無論是提案數量或者籌資額度都無法與美國等先進國家相提並論，眾籌在中國還有很大的發展空間。

另一方面，由於眾籌模式在中國剛剛起步，各方面發展並不完善，無論是提案發起人、提案贊助人還是眾籌平臺，都存在著較多隱患，在此環境下，如果政府能在對互聯網金融鬆綁的同時，加強監管，敲定系列法律法規，引導眾籌模式良性發展，將保護投資人的利益放在首位，淨化市場環境，那麼更能為中國眾籌市場的發展壯大提供良好的土壤。

2014年3月5日，中國國務院總理李克強在政府工作報告中指出，要促進互聯網金融健康發展，完善金融監管協調機制，密切監測跨境資本流動，守住不發生系統性和區域性金融風險的底線。讓金融成為一池活水，更好地澆灌「小微企業」（通常指自我僱用，包含不付薪酬的家庭雇員，以及個體經營的小企業）、「三農」（特指中國大陸的農業、農村和農民問題）等實體經濟之樹。

2012年，美國通過一項名為《JOBS法案》（Jumpstart Our Business Startups Act）的創業企業融資法案，旨在透過放寬金融監管要求，鼓勵新興成長型企業融資，簡化中小企業在美國證券市場上市流程，並降低了進入門檻。

對此，紐約證券交易所評論為，該法案有助於吸引包括中國企業在內的更多中小企業在美國上市。《JOBS法案》針對新興成長型公司，即在最近會計年度銷售收入低於10億美元的公司，照此定義，絕大部分希望赴美國上市的中小企業公司都適用該法案。

思考一下，為什麼你可以在網路上建構企業？因為「眾籌」的一切根源於網路。

網路可以是你的「大賣場」，可以是你的「現金流與金脈」，也可以是你的「貨源」、你的免費「市調部門」、「客服部門」，甚至是你的「行銷導師」與「經營顧問」、「業務部門」、「比價部門」、「研發部門」、「倒貨部門」、「竄貨部門」、「信用部門」，同時還是你的「免費」或「微費」的工具。

記住，在網路上任何事情都是公平的，沒有哪一個企業特別大。因此，如果你能善用網路的速度快、時間短，就能解決多數的問題。

同時，網路時代裡的價值創造方式已經明顯改變，例如：

（1）與消費者合謀，徹底改變生產與研發方式。

（2）去中間化，物流與銷售的環節已經大幅縮減。

（3）眾籌：徹底顛覆資本與資源的取得方式。

（4）眾籌：由「菁英」投資模式典範轉移為「草根」投資模式。

想想，進行眾籌時，誰是菁英？菁英是「創投」。以往都是菁英在尋求VC（Venture Capital，創投基金），例如，想創業的菁英去尋找華爾街的投資專家來評估自己的創業計畫，菁英對決菁英，最後投資專家決定投不投資。

誰又是「草根」？其實投資人與募資人都可以是「草根」。例如，中國大陸有許多由「草根」而來的土豪，例如山西的煤老闆，這些土豪再去投資出身草根的募資人。

然而，現今的眾籌卻可以兩方都是「草根」，只要你說的故事夠動

聽，就會有很多人來投資你，同時臺灣已在2015年8月通過股權眾籌法案，投資人將能成為股東，有法令作為基礎更有保障。

　　近年來，臺灣層出不窮的食安問題造成民眾人心惶惶。一位名為阿嘉的大動物獸醫師，每天在10個不同縣市的牧場出診，一個人守護著全臺灣的30個牧場，超過6,000匹乳牛的健康。

　　他認為目前臺灣市場上，消費者能買到的鮮乳大部分都來自於大廠牌，有些大廠牌在收購酪農的鮮乳之後，為了讓口味一致，會統一調整營養成分，導致失去了鮮乳天然的風味，在經歷了一連串食安風暴之後，更讓民眾對於鮮乳的安全性產生疑慮。

　　其實消費者要的很簡單，不過是一杯讓人放心的鮮乳，因此乳牛獸醫師阿嘉成立了「鮮乳坊」，希望顧客能有更好的選擇，而不是被迫只能屈就於生產不透明的廠商。也希望能成為消費者和酪農的橋樑，協助小農成立自有品牌，將成分無添加、高品質的鮮乳透過網路販售的方式，交到顧客的手中。

　　阿嘉期望透過眾籌，顧客能在早期給他們一些協助，讓「鮮乳坊」能更快、更好地將產品送到顧客的手中。

　　在提案說明裡，阿嘉詳細列出了給贊助人的回報：

　　◆贊助150元：純粹贊助，不求回饋，只希望臺灣的酪農以及乳品產業可以更好！贈送『生乳品茗會』入場券及『生乳兌換券』各一張，讓您超越99.99%的臺灣人（可自訂金額）。

　　◆贊助1,056元：【堅持天然】每週配送2瓶1000ml鮮乳（共配送1個月），85折回饋，並贈送『生乳品茗會』入場券及『生乳兌換券』各一張（台北縣市）

　　◆贊助2,880元：【歡樂暢飲鮮奶趴】30瓶1000ml鮮乳方案──8折回饋，並贈送『生乳品茗會』入場券及『生乳兌換券』各三張。不用一次送，想送幾次自己填！運費需額外負擔。

　　◆贊助8,400元：【呼朋引伴一起喝】100瓶1000ml鮮乳方案──7折回

饋，並贈送『生乳品茗會』入場券及『生乳兌換券』各十張，不含運。不用一次送，想送幾次自己填！運費需額外負擔。

目標門檻為1,000,000元（新台幣），提案結束時他共募集了6,089,438元，超額608.9%，漂亮完成了目標！

圖1-2 ▲ 「白色的力量：自己的牛奶自己救」募資頁面

「鮮乳坊」的眾籌案例很明顯地就是「草根」與「草根」之間的互動，群眾用草根個人的力量來支持草根酪農、獸醫師的夢想，除了符合社會時事以外，酪農的訪談影片也著實打動了人心。

此外，筆者歸納出眾籌模式具有四大特點，如下：

❶ 與消費者緊密結合，市場自會懲罰那些活在象牙塔之中，自以為是者。

當你聽到眾籌成功所能獲得的好處時，或許會想：「太好了！我也要來提出一個眾籌案！」但是我必須強調，並非每個人都會成功，因為失敗的人更多，失敗的那些人多半是活在象牙塔之中，自以為是或者思慮不周全地在平臺上放上提案，結果卻沒有足夠的投資人，導致眾籌失敗，這就代表他們思考的方向完全錯誤。

線上的眾籌提案非常多，卻有一半以上的人會失敗，是哪些人會失敗呢？答案是「由廣大的最終消費者決定」。

世界上最偉大的投票是：用「錢」投票、用「腳」投票，例如現在90％的歐洲難民都「用腳」跑向德國，因為他們明白德國是好的環境，德國缺工，而且德國的法律是成熟的。此外，德國人普遍有一種為納粹贖罪的心態，總理梅克爾曾表示：「難民將會改變德國，呼籲歐盟夥伴分擔收容難民。」德國在總理對難民敞開大門後，立刻湧入了2萬名逃離戰火的敘利亞難民，這就是用「腳」投票。

而創投就是用「錢」投票，如果每一個投資人都不對你的提案感興趣，最終你募集不到資金門檻，只能宣告失敗。

② 成案門檻低，依託於草根大眾。

舉例來說，想出書的人不必煩惱資金的問題，可以將自己的書籍內容、構想上線，如此也同時能在市場上測試水溫，如果發現投資人稀少，就表示你的作品內容並沒有受到關注與喜愛，就需要將內容重新調整與修正了。

要注意的是，你的眾籌案要和誰合作都可以，這是一個複選題。若眾籌平臺限制一案不能兩投，那麼你可以嘗試換湯不換藥，放在兩個不同的眾籌平臺上，其實骨子裡還是同一個專案，就能夠一次募集到更多的資金。

第一次眾籌時，建議避免將募資門檻設得太高。假設你的募資門檻設定的是100萬元，最後只籌到50萬元，眾籌失敗，結果就是眾籌平臺得將所募得的所有金額全數退回給贊助人。假設你的募資門檻設定的是5萬元，最後募得了50萬元，募得金額是所設門檻達成率的1000％，數字漂亮，但是其實你獲得的金額是一樣的，但是你的募資門檻所代表的意義卻不一樣。

③ 方式多元，內容多樣。百花百草皆可齊鳴。惟花若盛開，則蝴蝶自來。

眾籌提案可以各式各樣、千奇百怪，前提是不能違法，因為違法就有風險。例如，同樣是吸食大麻，在美國各州的法令就各不相同，因此也必

須遵守臺灣的法律規範。

④ 平臺式行銷，可加入他人平臺，亦可自建平臺。

如果你有一個眾籌提案，最快速的方式就是加入現有的眾籌平臺，因為那些贊助人與投資人經常閱覽這些平臺。以臺灣來說，主要的眾籌平臺就是「flyingV」和「嘖嘖」，這兩者主要做的是「捐贈式眾籌」與「回報式眾籌」。

無論是眾籌、P2P，還是線上支付，都是互聯網金融模式發展的必然產物，這些金融模式的出現於一定程度上衝擊了傳統金融行業，改變資本市場的結構，改變傳統金融業一家獨大的狀況。

然而就目前的發展來看，要說互聯網金融徹底顛覆了傳統金融模式有些言過其實，因互聯網金融是在傳統金融模式的基礎上加入了互聯網的元素，展現出了新的玩法，然而實質上互聯網金融產品還在傳統金融產品範圍之內，加上互聯網金融才剛剛起步，還不能從根本上撼動傳統金融模式的地位，因為二者在功能特點上各有千秋。可以確定的是，它的出現確實給生活帶來了很大的便捷。那麼，眾籌與傳統融資模式相比，有哪些優缺點呢？

① 優點：融資門檻低，有利於初始創業者融資

對創業者來說，很多的VC未必會看好你的提案，而且，很多創業者甚至產品模型都沒有，有的僅僅是一個沒有實際產品的idea。這樣的創業者，如果不是創意特別獨特，很難吸引到VC的注意力。所以，多數的創業者都很難從VC那裡獲得天使資金。

而眾籌平臺的門檻要低得多，並且，當前眾多的眾籌平臺主打的賣點就是「為創業者圓夢」，也確實有一些眾籌平臺為創業者融到了初期資金，並推出了既定的產品。究其原因，一是因為支持者眾多，在贊助額度上，眾籌提案的贊助人沒有門檻的限制，因此眾籌案給贊助人帶來的壓力要小得多，讓贊助人更容易決定投資。

另一方面，提案在眾籌平臺上發布，會引起眾多有共同興趣的人的關

注，這些關注者往往是為了自己的興趣，對眾籌提案進行一定的贊助。所以，在眾籌平臺上的提案，能得到更多人的支持，也更容易成功一些。

②　優點：眾籌融資的同時，兼具市場調查功能

因為眾籌成功的錢直接來自於消費者，消費者投資你的產品，代表了消費者對這個產品的認可。這種認可雖然不是很確切，但是，消費者的回饋，就相當於一份市場調查報告，在一定程度上能反映出這個產品在將來大範圍投放市場後的結果。

這也是眾籌模式的隱性價值所在，也就是「讓消費者先自己掏腰包，再去製造產品」。如果提案成功，在產品研發和生產過程中沒有發生什麼問題，那麼，在產品推出之後，最先會得到前期支持者的認可，相當於在很大程度上降低了創業成本和風險。

③　優點：在平臺上發布提案，等於給提案做一次免費廣告

在眾籌平臺上發布產品，等於在平臺上為產品做廣告。怎麼說呢？在發布提案的時候，提案發起人會對即將進行眾籌的產品做詳盡的介紹，例如：說明產品的功能、效果，以及後期的推廣和回報，其詳細程度必定比專門去買的廣告還要詳細。如此，一旦提案融資成功、推出上市，那麼，那些在前期看到產品介紹卻沒有參與贊助的人，看到你的產品獲得許多人的支持，融資成功並且順利上市之後，他們對產品也就能產生信任並接受。無需多言，這些人都是產品的潛在客戶。

另一方面，即使沒有眾籌成功，你的提案和產品也得到了展示。這樣的展示，能夠為提案的下一步融資找到潛在的投資人。

接下來，眾籌融資模式的缺點又有哪些？

④　缺點：可能造成生產壓力

眾籌產品，就是用贊助人的錢去生產贊助人看好的產品。如果提案眾籌成功，接下來，提案人就必須在承諾的時間之內完成產品的研發和生產，以實現對產品贊助人的承諾。

也就是說，眾籌在讓你籌到錢的同時，也給你帶來了訂單壓力。這種壓力在實體產品中的狀況尤其突出。如果產品研發或生產過程中出現問題，無法兌現承諾，則會在很大程度上影響產品提案發起人的信用。

⑤ 缺點：缺乏創業指導

與傳統的融資方式比較，眾籌門檻比較低，贊助人基本上也都是普通人。這些贊助人大多沒有相關經驗，他們對產品未來的判斷，更多的是感性。然而，在產品眾籌成功之後，真實的市場回饋未必如前期預見的那麼好，後期可能會存在更大的風險。

而傳統融資方式，投資人都是「過來人」，他們有的是自身就具有創業經驗，有的是擁有廣大的行業人脈和觀察能力，對於行業和產品的風險判斷，自己就有獨到的見解。一個好的VC能給創業者提供幫助，幫助創業者規避風險，讓創業者少走彎路，而這些是眾籌平臺上的提案人們所不能獲得的。

⑥ 缺點：眾籌平臺上的贊助人不夠專一

一般來說，眾籌平臺上的提案支持者，在贊助的時候更傾向於感性，他們往往不能夠持續關注一個提案的後續發展。

因此，在前期融資成功之後，贊助人往往不再繼續投入資金，這樣的後果往往會造成提案資金鏈斷裂。而傳統融資方式則沒有這方面的隱憂，VC一旦看好某一個提案，就會保持對提案的持續性關注。如果提案發展順利，他們會繼續投入，提案發起人可以持續得到一輪、二輪、三輪的融資。

總體來說，眾籌模式的出現改變了投資人的投資方式，讓更多的一般大眾也參與到創業提案中來。為初創企業解決了融資困難問題的同時，也大大降低了投資人的投資風險。在互聯網時代，在萬眾創新、大眾創業的浪潮當中，眾籌融資模式的出現，對於創業者來說，無疑提供了相當大的幫助。

1-3 小微創客的春天：從創意到生意

「創客」的概念來源於英文「Maker」（Maker，又譯為「自造者」），是指一群酷愛科技、熱衷實踐的人群，出於興趣與愛好，將各種創新、創意轉變為現實。他們善於挖掘新技術，鼓勵創新與原型化，他們不單有想法，還有成型的作品，是「知行合一」的忠實實踐者。

「創客」興趣主要集中在工程導向的主題上，例如：電子、機械、機器人、3D列印等，也包括相關工具的熟練使用，如雷射切割機等，也包括傳統的金屬加工、木工及藝術創作。

「創客」是當代潮流趨勢中最被熱烈討論的一種角色，也被視為是啟動未來創新的靈魂人物，他們注重在實踐中學習新東西，並加以創造性的使用。例如，最佳的典範代表便是蘋果電腦創辦人賈伯斯（Steve Jobs），他當年就是在車庫裡製作出蘋果第一代電腦。美國為主導世界經濟發展的前鋒，仍然相當推崇此種製造的實作態度，因為具備了「思考」與「實作」有助於找到問題的答案，進而解決，同時更可能誘發新的創意與發明，這是開創未來的動力來源。

中國大陸於2015年的政府工作報告中，李克強總理在談到大力調整產業結構時指出「2014年我國著力培育新的增長點，眾多『創客』脫穎而出」，這是「創客」首入政府工作報告，成為兩會熱門關鍵字。這是一個人人皆創客的時代，只要你有想法，能做出點好玩的東西出來，你就是一名創客。

2015年臺灣行政院推出「vMaker行動計畫」，派出創客胖卡（Fab Truck）巡迴全台189所高中職，希望從校園扎根，培育下一代的創客人才。「vMaker行動計畫」總共有三步驟：第一步，「尋找vMaker」，讓高中職學生

從校園開始接觸動手實作的文化，因此一台載著3D列印機、CNC機台和切割機等器材的卡車將會從台中家商出發，目標在2015年底前巡迴189個校園，2016年跑遍308間學校，總計497校。

「vMaker行動計畫」計畫除了舉辦實體活動，同時也推出vMaker網站，希望提供創客一個資源分享與交流的線上空間，並與麻省理工學院和喬治亞理工學院合作，促進國際交流。

在過去，由於缺乏合適的平臺與政策的扶持，小微創客（小微企業相當於臺灣的中小企業）只能在夾縫中生存，相當多具有創意的點子和提案不幸夭折，「全民創新」成為了一句空談。

近年，隨著移動互聯網的持續發展，特別是眾籌的崛起，給予小微創客嶄新的發展空間。只要開啟電腦，任何人都可以在眾籌平臺上將自己的提案展示給全世界看，向群眾籌資。當然，很多提案的發起人並不一定是為了透過銷售產品獲得利潤，這些人只是想借助眾籌平臺實現夢想，即使這個夢想看起來微不足道。因此，當創客搭配上眾籌，便是夢想綻放的時候。

遍覽眾籌平臺上五花八門的提案，不難發現，這些提案涉及的領域，包含科技、藝術、設計、音樂、影視、出版、動漫遊戲、公益等等，一個個看來不太起眼的提案背後，都是無數個創客勇於挑戰的創新精神與熱情，創意的火花在他們腦海中迸發，將靈感化為行動，便是夢想的昇華。在「人人創新，全民創造」的時代裡，小創客便是「全民創新」的領軍人物。

中國深圳市第二高級中學高二（9）班的吳子謙是一名科技達人，從3歲起，他就與發明結下了不解之緣，每天動手做點有創意的東西已經成為了他的一種生活習慣。他發明了能照明、能吹風的多功能傘；能精確測量電池電量的能量盒子；能自動給花澆水的「自動澆花器」；能感應天亮、自動叫醒人的鬧鐘……

甚至連某公司開發的聽歌識曲軟體也參考了他的想法。

當吳子謙接收到美國一家知名學府釋出善意的訊息，創意小子又有了新的「點子」——透過眾籌，募集出國留學的全部經費。

當然，吳子謙承諾，在畢業後的3年之內他將拿出工資的30%，還給當初幫他籌錢的人，別人給他投資10,000元，將來他可能會還給對方30,000元。吳子謙認為，別人對他的信任也是一種投資。

「希望以後做個名副其實的中國創客，去創業，做很多好玩的東西。」高中生的吳子謙滿懷著遠大的理想。

圖1-3 ▲ 「創客」吳子謙新聞畫面

一部分的創客成功地將自己的創意變成了產品，轉變成創業者，他們在轉變發展方式、調整產業結構、引領創新創業當中發揮了獨特作用，但不可否認的是，這些創業者創辦多數是中小企業，且普遍面臨著融資與人才缺乏等困難，那些富有創意的點子只能是曇花一現。

東海大學助理教授張正霖接受訪談時曾表示，臺灣企業多以中小企業為主，因此，籌措資金成為很多企業經營時不得不面對的問題。中小企業在銀行融資方面主要面臨著以下困難：

在企業方面，財務結構不佳；初期營業額太低，不利於評估；貸款計畫、還款財源未能明確及合理；缺乏擔保品；財務資料不透明；重研發、輕業務；研發標的已不合時宜或者不具市場性等等。

在銀行方面，對中小企業融資成本相對較高；中小企業各項制度不健全，以至於資訊不對稱；對部分產業前景即行業特性無法充分掌握；部分銀行基於風險及收益考量，不鼓勵或未開辦本項貸款業務等。

中國方面，目前尚無成立專門針對中小企業的政策性金融機構，尚未構建完整的中小企業信用擔保體系，很多企業享受不到正規的金融服務，加上中小企業的信用等級低，抵押擔保的資產不足，經營穩定性差，貸款成本高等問題，導致融資難成為中小企業面臨的突出難題。

面對複雜多變的金融形勢和嚴峻的金融環境，很多中小企業難以熬過「寒冬」。新興互聯網融資模式的興起，讓許多瀕臨倒閉的中小企業重新看到希望，眾籌融資便是其中的代表。

《連線》（Wired）雜誌前總編輯克里斯・安德森（Chris Anderson）在其著作《自造者時代：啟動人人製造的第三次工業革命》中預測——未來10年，人們會將網路的智慧用於現實世界，「創客運動」將扮演助推器的角色，讓數位世界真正顛覆現實世界，推動劃時代全民創造新浪潮，掀起新一輪工業革命。

作為新興的融資方式，眾籌以其新穎、靈活、快速、開放的特點受到了許多普通創客及創業者的青睞。以中國大陸「眾籌網」為例，自2013年正式上線以來，為提案發起者提供募資、投資、孵化（育成）、營運一站式綜合眾籌服務，凝聚了大批富有創新精神、有創業情懷的創業者，幫助無數普通人實現了夢想。眾籌等新興融資模式彌補了傳統融資模式的不足，為中小企業的發展注入了新的活力。

3W咖啡創始人許單單是一名傳奇人物，借助眾籌模式，他從一名普通的互聯網分析師轉型成為創投平臺3W咖啡的創始人，甚至連中國國務院總理李克強

都曾拜訪3W咖啡館。3W咖啡利用眾籌，向社會群眾募集資金，每個人10股，每股6,000元，相當於一個人60,000元（人民幣）。

透過微博，3W咖啡彙集了大幫的知名投資人、創業者、企業高管，其中包括沈南鵬、徐小平、曾李青等數百位知名人士，股東陣容堪稱華麗。

最終，2012年3W咖啡引爆了中國眾籌式創業咖啡的流行，幾乎每個城市都出現了眾籌式的3W咖啡。而3W很快地以此作為契機，將品牌衍生到了創業孵化器（臺灣稱為育成中心）等領域。

3W咖啡、拉勾网创始人 许单单

许单单，3W咖啡馆创始人，拉勾网创始人、董事长，典型的80后创业者。他创立的3W咖啡馆被看做互联网创业界的地标，是最有名气的创业孵化器。2013年7月，许单单创立拉勾网，专注服务互联网企业，深耕互联网招聘，仅一年就被资本市场估值1.5亿美元。

圖1-4 ▲ 「3W咖啡」創始人許單單新聞畫面

如何把小微創客的創意變成生產力？解決這個問題需要創客本身、政府和社會的一致努力。政府要將小微創客視為國家優秀的儲備人才，充分發掘小微創客的發展潛力，使其轉化為生產力。面對剛起步的中小企業，政府需要發揮宏觀調控的功能，簡化程序，提高行政審批效率，完善法律法規，建構眾創空間，切實降低創業門檻與創業成本，建構有利於創新、創業的社會大環境，讓中小企業的發展形成燎原之勢。

2015年1月28日，中國國務院提出「構建面向人人的『眾創空間』等創業服務平臺」的表述讓人眼前一亮。國務院常務會議明確，要加大對「眾創空間」

的政策扶持。一是簡化登記手續，為創業企業工商註冊提供便利。同時支持有條件的地方對「眾創空間」的房租、寬頻網路、公共軟體等給予適當補貼，或透過整合閒置廠房等資源提供成本較低的場所。

另一方面，會議明確要發揮政府創投引導基金和財稅政策作用，對種子期、初創期科技型中小企業給予支援，培育發展天使投資，並完善互聯網股權眾籌融資機制。

國務院的一系列扶持政策，無疑將帶動更多社會資本參與「眾創空間」建設和發展，形成更多的社會化、市場化、專業化的服務平臺，完善創業服務生態，活躍創業氛圍，加快形成中國社會共同支持創業創新的局面。

近年，中國政府加大了對中小企業的政策扶持力度，特別是對創業初期的中小企業大力扶持培育。這對中小、微型企業來說無疑是雪中送炭。

互聯網金融模式的出現，加上政府若能大力支持，必定能讓廣大的小微創客迎來春天，隨著互聯網金融模式的持續推進，小微創客必將成為市場經濟條件下的一片美麗風景。

1-4 眾籌「籌」什麼？無所不能籌

透過群眾來籌集資金的「眾籌」由來已久，甚至可以追溯到釋迦牟尼時代。釋迦牟尼在創立佛教之前過著苦行僧的日子，他的衣食住行和創辦佛教的資金就是依賴那些樂善好施的信徒，他們不圖回報，善意地幫助釋迦牟尼。這是最古老、也最樸素的眾籌方式。臺灣有很多廟宇道觀，其建廟資金來源往往也是眾人捐款集資而來。

隨著互聯網金融的興起，與古代的眾籌相比，現代眾籌有了更深的內涵和意義，並且還是史上最偉大的商機，為什麼呢？因為現在是「網路時代」。

眾籌，本意是透過網路籌募所有你想要的資源，即使你一窮二白、什麼都沒有，你仍然可以上網去籌募。當然，現階段還是以籌金錢為主，但是你也能夠去籌募其他你需要的資源。一開始是籌錢，但是現今在網路上，已經是你缺什麼，就能籌什麼，也就是「無所不籌」的時代。

「想在大銀幕上看到『快男』的紀錄片嗎？如果大家不能在20天內湊滿5,000,000元（人民幣），就別談了。」

這是2013年中國綜藝節目《快樂男聲》的決戰日當天，天娛傳媒與眾籌網所宣布的一個「賭約」。最終，在距離提案截止時間整整24小時之前，就已達成籌資門檻，共有39,000名支持者參與此項提案。

此外，中國國產動畫片《大魚・海棠》、《十萬個冷笑話》等提案也各自透過其他眾籌平臺籌募到超過1,000,000元的資金，但在更多微電影和紀錄片領域的眾籌案當中，像《快樂男聲》如此「主流」的提案還是第一次。

天娛傳媒品牌中心經理趙輝一再強調，他們將這部電影「玩」眾籌，並不

是為了籌錢，該片僅蒐集素材就花費七個多月，加上人事費用，花費早已經超過了5,000,000元。原本紀錄片只想作為內部資料使用，隨著粉絲對「快男」的熱情燃燒，加上《小時代》的票房非常成功，讓參與投資的天娛傳媒意識到，粉絲的熱情或許可以將紀錄片推向商業院線。

「籌款如果連5,000,000元都達不到，那就說明這部紀錄片上院線的商業價值不大。」趙輝坦言。

圖1-5 ▲ 《快樂男聲》募資頁面

《快樂男聲》眾籌成功，讓人不得不驚訝眾籌的巨大威力。無論提案發起人是否以籌錢為目的，最終的確成功募集到了資金。此外，透過這次「醉翁之意不在酒」的眾籌案曝光，天娛傳媒不僅成功回收了該部電影的市場反應，還為電影累積了大量的粉絲人氣。

眾籌成功的《快樂男聲》在影視圈引起了很大的迴響，業內人士認為，這是一次「非典型性眾籌」，因為其宣傳的意義遠遠大於投資的意義。其實不然，在互聯網金融背景之下，我們不能用狹義的眼光來看待眾籌，互聯網已賦予眾籌更多的意義與影響力，眾籌已不再是過去單純的「籌錢」活動。

雖然現階段還是以籌金錢為大宗，但是也能夠去籌募其他你需要的資源，以下列舉幾個可以眾籌的資源：

❶ 眾籌「金錢」

當然，無論未來眾籌產生多少可能，「籌錢」都是眾籌的基本表現形式。

從古代出於善意的眾籌，到今日最為流行的回報式眾籌、股權式眾籌、債權式眾籌和捐贈式眾籌，每一種形式都離不開「籌錢」這個基本環節，特別是互聯網金融的興起，促使大批創業者投入到眾籌的懷抱，眾籌以其新穎、靈活、快速、開放的融資特點為金融市場的繁榮做出了不可磨滅的貢獻。因為創業者在創業初期，最缺少的還是金錢。

互聯網的普及與眾籌模式的興起，給予更多苦於資金壓力的創業者提供了更多的機會與融資管道，從這一點來說，這個時代的創業者要比過去創業的前輩們要幸運多了。

❷ 眾籌「人」

如果非得排出順序，眾籌「人」應該是第一位的。當一個好的提案發布到平臺上之後，首先需要找到的是一群志同道合、擁有共同價值觀的人。他們可能是互不認識的陌生人，但是基於共同的興趣愛好或價值觀可以形成一個隱形的社群，這個社群裡的每一個人都直接或間接地影響此提案的進展。

因此可以這麼說，沒有「人」作為基礎，眾籌「金錢」、「智慧」、「未來」，都將成為空談。

❸ 眾籌「智慧」

眾籌「智慧」，顧名思義，就是聚集群眾的智慧和創造力，為提案發起人提供幫助。智慧是人才最大的優勢和資本，「籌智慧」就是提案發起人透過眾籌的方式，籌集更多優秀人才的智慧和時間，讓這些優秀人才貢獻他們的智慧，幫助提案發起人解決他們暫時沒有能力解決的問題，讓他們的智慧價值得到充分的展現。

而貢獻智慧的高級人才，可以透過賺取股份和現金的方式，成為提案發起人創業團隊的外部合夥人。

2011年畢業於湖南湘潭大學的謝露銀，在從事了幾年珠寶類工作之後準備自己創業：她想籌備一個平臺，讓大家免費學習國學知識，但是不知道如何具體地運作。在朋友的建議下，她特意在微信朋友圈發起了一個創業「眾籌智慧」研討會。

來參加這次會議的有將近40人，他們都是來自各行業的創業者和主要負責人，以及還有和她一樣準備創業的人，這些人齊聚咖啡廳，充分利用自己的專業和特長，共同為謝露銀出謀劃策，甚至建議謝露銀將平臺結合自己的珠寶專業。

此外，「螞蟻創業俱樂部」負責人之一的黃德玉表示，他們3年來走訪了很多企業，發現不同的創業者和企業家有不同的創業資源，但是缺乏互相溝通的橋樑。因此他們免費邀請了300名80、90後的志願者將各自的資源訊息集結在公眾平臺，讓更多的創業者更好地整合資源，發揮各自的優勢資源，互相合作，共同創業。

謝露銀的眾籌，即是一個眾籌「人」的過程，也是一個眾籌「智慧」的過程。不同的創業者和企業家有不同的創業資源，而且，他們還可以帶動身邊的朋友參與進來。個體可以在團體裡互通有無，充分利用各自的優勢資源，相互合作，共同創業。

類似謝露銀這樣的籌「人」、籌「智」的眾籌活動，在80、90後的創業者當中比較常見。一方面是80、90後更具有分享精神，願意分享自己的資源和優勢，另一方面，成長於互聯網時代的年輕人，他們也更喜歡、更適應眾籌這樣籌「人」、籌「智」的方式。

④ 眾籌「未來」

2014年9月15日下午3時，設計師陳柏言歷時3年完成的《後宮甄嬛傳》畫集在眾籌網正式上線，計畫募集50,000元。

然而，出乎所有人意料的是，該提案上線僅5分鐘就超過了計畫的募集資金門檻。最後截止時，總募集金額超過了190,000元，募集成功率為388%。

對於畫集在《後宮甄嬛傳》播出3年之後仍受追捧，陳柏言顯得十分冷靜，他說：「不管是5分鐘超募，還是半個月才達到目標，我一點都不在意，我在意的是有多少粉絲能夠參與到這次活動中來，和我進行交流。我始終認為，粉絲對我作品的認可度，能給我帶來更多的成就感。」

陳柏言坦言，之所以選擇眾籌模式是因為作者可以更準確地提前獲知粉絲的需求，減少了出版過程中因為供需不對等所造成的資源浪費，從而可以將資源和資金用在最需要的地方，以製作出高品質的產品回饋粉絲。

圖1-6 ▲ 《後宮·甄嬛傳》募資頁面

在一些人的眼裡，《後宮·甄嬛傳》恐怕又是一次文化界的「非典型性眾籌」，和《快樂男聲》一樣，提案發起人的根本目的並不是錢，而是以「籌錢」作為載體，集思廣益，瞭解消費者的真實需求，提前探測市場反應。

俗話說，三個臭皮匠，勝過一個諸葛亮。智慧與智慧的碰撞往往可以為一個好的提案增光添彩，而大量的人氣累積也為提案的成功奠定了有力的基礎。

眾籌，籌什麼？籌錢、籌人、籌智慧、籌未來！

眾籌，玩什麼？玩創意、玩創業、玩資源、玩資本、玩智慧！

這是一個人人可以輕鬆玩眾籌的時代，然而什麼樣的玩法才能對你的事業更有助益？除了參考本書作法之外，你的眾籌案靈魂，操之在你。

1-5 提案發起人：小人物也可以實現大夢想

前述提到，眾籌提案發起人多半是具有創造能力，但是缺乏資金的人，即是資金的需求者。這類人的身分主要有創業家、藝術家、設計師，以及其他各類自由工作者。

不過，在眾多眾籌平臺的實際運作當中，眾籌提案的發起人並不僅僅侷限於這些人，特別是一些公益取向的提案，其發起人在身分和理念上，已經顛覆了眾籌最初的概念。

然而無論是什麼身分，這些提案的發起人經常都有一個共同點，那就是他們多數都只是個普通人，他們有思想、有創意，而且，透過自己的個人魅力和善念，他們感動和引導了更多的贊助者和粉絲加入他們的提案當中，一起完成他們的提案。

靜謐的青藏高原上矗立著一座鮮為人所知的寺廟──杜呷寺，它默默地傳揚著佛法與藏家人的善音。雖然這座小而破舊的寺廟在風雪中顯得不那麼牢固，但它卻收養了近百名的孤兒與被遺棄的殘障兒童。孩子們在這裡得到了庇佑，但也生存得異常艱辛。

一位名為吳清的北京白領上班族，她在無意間得知了杜呷寺與孩子們的故事，深受感動。於是她開始與杜呷寺及其他公益團體聯繫，嘗試以個人名義捐助。2014年初，吳清前往杜呷寺實地考察，她親眼見到了寺裡的艱苦生活，發現孩子們迫切地需要外界的幫助，然而吳清也明白，單靠她的一己之力並不能為孩子們解決實質問題。

後來，吳清想到了有「公益眾籌」這條路可走。

2014年8月18日，經過吳清團隊與「眾籌網」平臺的合作與努力，名為

《讓愛支撐杜呷寺孩子們的生活》公益眾籌專案，承載著眾人的期許上線了！在短短的13天裡，專案就募集到40,000多元（人民幣）的公益資金，達成了預定目標。

在募資過程中，吳清團隊特別製作了一部紀錄片《雪域的孩子》，透過社群媒體進行宣傳轉發，並時時更新專案進度，通報真實情況。在最後專案結束時，一共成功募集了179名投資人所投注的54,125元，吳清和她的朋友們逐一撥電話給投資人，確認資訊表示感謝，並在微博和微信發表了「致公益眾籌支持者的感謝信」。

圖1-7 ▲ 《讓愛支撐杜呷寺孩子們的生活》募資頁面

吳清的一個善念和大膽嘗試，讓許多素昧平生但與自己一樣關注杜呷寺的人們，為這個雪域中的一抹沉靜貢獻了力量，讓它從此不再孤單。吳清笑稱自己只是小小的「創客」，腦中只有一個小想法，沒有想到，卻能實現那麼大的夢想，她認為這一切要歸功於「眾籌」與「眾籌平臺」。

在多數人的認知裡，眾籌專案的發起人通常是那些擁有創意、夢想的企業家，或者是具有藝術天賦、才華的菁英人才，只有具有如此條件的人的創意或作品展示到眾籌平臺上，才能得到群眾的認可和支持。自己不過是一個普通人，是無法實現這樣的夢想的。

然而事實並非如此，「眾籌」就是一個提供普通大眾資源支援的方式，在「眾籌平臺」上的專案發起人，也都是群眾之中的一般人。如上述

中的吳清，只要你的目的與創意能夠獲得大家的認可，那麼無論是多麼微小的想法，都能得到大家的支持。

對投資人來說，之所以願意出錢資助，是因為他們認定你所做的這件事情有意義或者有價值。投資人投入資金，會獲得某種程度的滿足感與成就感，但並非都是物質、利益方面的，有時，投資人會為了獲得某些精神層面的滿足，甚至是為了自己的一個夢想，而去投資一個提案。

吳清發起的公益提案能夠眾籌成功，並非吳清個人有多強的能力或後盾，而是因為她發自內心的愛得到了人們的認可和支持。在現實當中，類似這樣的眾籌提案還有很多，有些提案甚至比這個杜呷寺案例的規模還要小，而發起人也都是和你我一樣的普通人。

2014年，臺灣一家由普通上班族自費創立的公益眾籌平臺「Red Turtle」（紅龜）上，一位宜蘭某偏鄉國小主任發起的眾籌提案是——募集40箱阿華田和40包麥片，目的是送給放寒假時沒營養午餐吃的小朋友。

這則消息被「Red Turtle」平臺張貼在Facebook上之後，立即引起臉書網友的熱烈響應，僅僅28分鐘，物資全數認購完畢。除了踴躍認購物資，還有網友表示願意幫忙開車載過去。3天之後，40箱阿華田和40包麥片順利送到小朋友手中，主任驚訝地表示：「你們太有效率了吧！」

圖1-8 ▲ 《別讓孩子餓著了》早餐募集頁面

　　這就是社群加上網路的力量，消息傳播快速並且無遠弗屆，如果具有故事性，情感上的感染力更為強大。同時能快速集結志同道合的人們，目標對象相當明確。

　　上述是眾籌成功的公益案例，志在強調，有相當多的眾籌提案發起人都是普通到不行的小人物。但是，即便是小人物也一樣可以擁有大夢想、實現幫助人的心願。

　　眾籌是一個面對「普通大眾」、面對「小人物」、面對「草根」的平臺，每個人都可以在平臺上展示自己的創意、實現自己的夢想。如果你有好的創意和想法，就透過眾籌來實現，當你將提案發送出去，瞬間就能得到無數人的關注，只要你的眾籌案足夠打動人心，能滿足人們物質或精神層面上的需求，那麼即使再微小的提案，都可能得到有興趣的贊助人支持。

1-6 提案贊助人：支持他／她的夢想，順便獲利

　　眾籌模式近年風生水起，正為越來越多的人所運用，這種「草根」融資的方式不僅打破了傳統融資門檻高的僵局，還能有效掌握提案人和贊助人兩個管道的需求資訊，實現了資金定價和收益的市場化，彌補了傳統金融效率低下的不足，同時也給眾多手裡有預算的人提供了投資管道，即便是小額資金持有者。

　　在傳統觀念，如果沒有雄厚的資金是當不了投資人的，但是眾籌卻能讓每一個普通人都變成天使投資人。在眾籌平臺上，贊助人往往都是草根，他們不一定有多雄厚的財力，也不具備專業投資人的投資眼光，只是根據自身的興趣愛好進行贊助，而贊助的數目往往和自身的經濟實力成正比。也就是說，眾籌就是用一群草根的力量來實現一個草根的夢想，就這麼簡單。

　　李健是一家小餐廳的老闆，經過幾年的打拼，小餐廳被他經營得有模有樣。最近，李健迷上了一種新的投資模式——眾籌。李健參與贊助的眾籌案五花八門，無論是「萬能手機支架」、「刷刷手環」，還是「尋找抗戰老兵」、「《甄嬛傳》畫冊」等等。

　　李健說，自己經營的餐廳規模不大，沒有足夠的資金去炒股，但是眾籌不一樣，小到幾十元，多到幾百元（人民幣），都在自己的承受範圍之內。「我這也算是做好事吧！如果一項發明眾籌成功了，也有我的一份功勞呢！」李健笑言。

　　付出了就會有回報，回報式眾籌成功的提案會給贊助人產品，例如「尋找抗戰老兵」的提案，李健投資了30元，可以獲得「尋找你身邊的抗戰老兵」主

題紀念版明信片一張，禮物雖輕，但李健認為這個提案非常有意義，禮物也很有紀念價值。李健說：「本來以為自己這輩子和投資不會沾上半點邊，沒想到在眾籌中，我也當了投資人。」

圖1-9 ▲ 《尋找抗戰老兵》募資頁面

中國大陸的眾籌模式主要是回報式眾籌和股權式眾籌，產品預售的回報式眾籌多了一些，其門檻也相對較低。對草根贊助人來說，幾十元到幾百元（人民幣）的回報式眾籌投資風險小，在可承受範圍之內，只要自己對提案感興趣，就可以投上一筆資金，就當是提前付款了。反正提案成功之後，就能獲得相應的回報。

而股權式眾籌的門檻則相對要高一些，為了確保贊助人能夠承受一定的風險，在投資之前，還是必須要透過眾籌平臺的資格審核，成為合格的贊助人才能對提案進行投資。

目前，中國許多眾籌網站都實行「領投和跟投」的制度，即選出一位具備資金實力並且對投資有經驗的人做領投人，負責協調投資人與提案之間的關係。這種制度有利於節省提案發起者和投資人的時間，畢竟眾籌平臺上的贊助人太多，如果創業者一對一的和所有投資人交流，是不實際的。

臺灣的眾籌案以回報式眾籌為大宗，主題類型相當多元，但偏重文

創，在「flyingV」、「嘖嘖」上的提案多是如此。例如在「flyingV」，社會文化類提案約28%，娛樂、音樂、出版合計有28%，設計類提案15%；而科技應用類提案只有9%。

對於贊助人來說，參與不僅能得到回報，還能在過程中獲得滿足，一個眾籌提案順利完成之後，這個提案也凝聚了自己的一份力量。

參與產品眾籌，你能夠以低於市價購入一項創意類產品。而更多人感興趣的不僅僅只是產品，裡面還有支援和投資的成分，他們非常期待和提案發起人一起完成一件事。這便是眾籌與電子商務平臺最大的不同，也就是擁有所謂的「參與感」。

英國《金融時報》（Financial Times）電子版曾刊登題為《眾籌吸引天使投資人》（Crowdfunding draws angel investors）的文章稱，眾籌模式已經成為了一種熱門的融資方式，無論是企業還是投資人，都可以借助這種方式滿足自己的獨特需求。

吉爾伯托・塔蘭蒂諾（Gilberto Tarantino）是一名巴西人，最近他發現了眾籌這種籌資方法，並且正是眾籌使他成為了一家專業的蘇格蘭啤酒廠「釀酒犬」（BrewDog）的6,000名投資人之一。

「釀酒犬」於2013年展開「龐克認股計劃」（Equity for Punks），邀請喜好BrewDog的粉絲們一同參與，結果順利在半年內募集到425萬英鎊（約台幣2億元）。2015年，他們再度進行股權眾籌，一舉成為英國有史以來最高的股權眾籌金額門檻——2,500萬英鎊（約合台幣12.5億），並在20天內募資進度就達到五分之一，此次金額將用於全球擴張，包含啤酒設備與廠房的支出。

塔蘭蒂諾很看重自己的身分，他每天都會花時間閱讀「釀酒犬」的部落格，瞭解該公司發布的最新資訊。塔蘭蒂諾甚至還會定期透過電話、網路影片等方式與「釀酒犬」聯合創始人創辦人詹姆斯・沃特（James Watt）聊天。隨著時間的推移，塔蘭蒂諾發現自己徹底愛上了這家公司，並打算在聖保羅開設南美洲第一家「釀酒犬」酒吧。

「我不只是投資人，」塔蘭蒂諾說，「我覺得我的角色是宣傳手工啤酒運動，並加大『BrewDog』的品牌影響力。」

對於一般的提案發起人來說，最缺乏的是資金，而對於贊助人來說，最缺乏的是好的提案，而眾籌平臺打破了資訊的不對稱性，讓彼此在眾籌平臺上找到對的另一半，雙方都將實現共贏。

如今，越來越多人瞭解眾籌，加入眾籌，眾籌平臺上逐漸形成了一個投資群體，眾籌平臺讓雙方相互交流，這有助於投資人做出更理性的投資決策。

支持別人的夢想，自己還能順便獲利，眾籌讓一般群眾都能享受到當投資人的樂趣。

1-7 眾籌平臺：搖籃夠大，嬰兒也能長成巨人

如果把提案發起人和贊助人比喻成是一對適婚男女，那麼眾籌平臺無疑就是兩人的「紅娘」，她不僅負責讓彼此找到對方，還能在兩人認識過程中相互明白自己能獲得什麼，促成一段好「姻緣」。

說到國外的大型眾籌平臺，「Kickstarter」是全球最大的群眾募資平臺，每當有來自臺灣的眾籌案募資成功，總會吸引媒體關注，「Kickstarter」上的眾籌案相當多元，分為13大項與36小項，包含設計、影視、音樂、技術等，全世界的贊助人都可以在「Kickstarter」上贊助。

而臺灣的眾籌平臺有具指標性的「flyingV」、「噴噴zeczec」，幾場大型的社會活動、路跑讓「flyingV」爆紅，「flyingV」較多社會運動相關提案，「噴噴」則多為創意相關提案，例如，音樂、電影、攝影、出版等等。至今「flyingV」的募資金額已超過2億元新台幣，會員人數超過180,000人，提案數超過1,110件，而募資成功的比例近5成，顯示臺灣人對於眾籌是信任且相當支持的。另外，也有部分的企業另外投資成立了新的平臺，如104的「夢想搖籃」。

中國目前也是全球最大的市場之一，著名的眾籌平臺有「點名時間」、「眾籌網」、「天使匯」、「大家投」等，後續的騰訊跟阿里巴巴等網路巨頭也陸續投入這個市場，例如「京東眾籌」、「淘寶眾籌」等等。

「眾籌網」於2013年2月正式上線，是網信金融集團旗下的眾籌模式網站，也是中國最具影響力的眾籌平臺，可以為提案發起人提供募資、投資、孵化、運營等一站式綜合眾籌服務。目前，眾籌網提供包括智慧硬體、娛樂演藝、

影視圖書、公益服務等10大類向，4,000多個提案，以及種類繁多的個性化訂製產品和服務。

據眾籌網網站提供的資料，截止2016年1月，眾籌網共發布眾籌提案12,739個，累計籌集資金超過1億5千萬元，累計支持人數超過69萬人。自上線以來，眾籌網完成了許多成功的提案，其中「愛情保險」是眾籌金額最高的提案，累計眾籌金額6,211,933元。《後宮·甄嬛傳》畫集的眾籌速度最快，僅僅上線5分鐘就達成籌資門檻。《2013快男電影》的眾籌吸引了39,561人參與，是參與眾籌人數最多的一次。

眾籌中的提案發起人與贊助人往往都是「草根」，而眾籌平臺必須做到專業化。作為眾籌案件的載體，眾籌平臺不僅關係到能否讓提案發起人與贊助人找到彼此，更重要的是維護好平臺的運作，為雙方建構良好的平臺環境。

「flyingV」於2012年4月正式上線，2014年可說是臺灣眾籌真正被大眾所認識的一年，由於太陽花學運的發生，「flyingV」在318期間流量創下新高，與此相關的政治眾籌提案於前10名中即占據了5名，也讓平臺上其他類別的專案因此獲得大量曝光。史上規模最大的立委罷免運動「割闌尾計劃」則創下「flyingV」最多贊助人數的記錄。

此外，公益性質的「南迴基金會」和「白色的力量」使更多人看見不同面向的臺灣，這些社會、公益類型的專案透過眾籌平臺發聲，讓每一個看似微薄的力量聚沙成塔，產生無以比擬的力量。

據「flyingV」網站提供的資料，至今總募款金額已超過新台幣3億8千萬元，會員數超過200,000人以上。將各個專案類別細分來看，社會文化類別的眾籌提案不僅在總募資金額、參與人次，甚至成功率上都有較佳的表現，而音樂影視類平均獲得的贊助與成功率也相當高。

圖1-10 ▲ 「flyingV」2014年數據紀錄

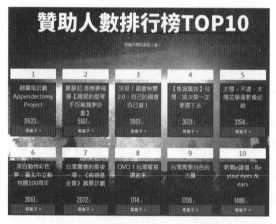

圖1-11 ▲ 「flyingV」2014年排行榜TOP10

　　眾籌平臺的成熟度與知名度往往對眾籌案的成功機率影響相當大，因此，你必須針對你的提案類向選擇適合的眾籌平臺，較容易找到具有同樣想法的群眾，就能提升成功率。因此，很多提案發起人主要都將自己的提案放到有一定知名度、瀏覽率與成功機率都較高的眾籌平臺。

　　當你看到一個好的作品會「嘖嘖稱奇」？還是發出「嘖嘖」的聲音，不屑一顧？「從命名開始，打破一般既定印象，這就是創作的起點。」這就是創辦臺灣相當知名的眾籌平臺「嘖嘖」（zeczec）的徐震和林能對於網站命名發想的緣由。

　　「嘖嘖」於2012年2月正式上線，跟「Kickstarter」不同的是，「嘖嘖」的提案發起人必須提供「實質的回饋」給贊助人，不能只是放在感謝函上。徐震表示，他發現臺灣人其實很喜歡美學設計，但在臺灣除了比較大的幾間文創通路以外，設計很難出現在生活裡，因此眾籌變成一個獲取設計生活商品的方式。

　　在發起人提案的過程中，「嘖嘖」將親自把關、篩選、審核，另一方面透過長期與創作者密集的溝通，幫助其讓提案具有更高的執行可能，同時也透過眾籌，讓網友的支持成為實質力量，鼓勵並提升臺灣正面創作的能量。

　　和傳統的融資模式相比，眾籌屬於後來者，很多人認為，小金額的融資提案可以選擇進行眾籌，但龐大金額的提案眾籌則難當大任。其實，雖然眾籌的發展時間不是太長，然而關鍵仍然在於你的眾籌案是否能打動人心，現在已是傳播迅速的網路時代，只要網友認同你的理念，呼朋引伴前來贊助你，龐大金額也將不會是一個需要擔心的問題，看看以下案例。

　　如果有一個提案想在一個月之內籌集到3,200萬美元你會怎麼想？這個想法有點瘋狂，但南非開源軟體公司「Canonical」卻想要在眾籌平臺「Indiegogo」上為其自有品牌手機「Ubuntu Edge」籌得這筆鉅資。如果最終能籌款成功，則意味著每天都得籌得超過1,000,000美元。支持者對這個提案表現出了前所未有的熱情，僅僅24個小時就籌到了3,400,000美元。

　　遺憾的是，在接下來的日子裡人們的熱情開始消退，截止到最後日期，該提案總共籌得了12,814,216美元，眾籌失敗。但此一金額成功打破了之前Pebble智慧手錶在眾籌平臺KickStarter上創造的1,026萬美元的籌款記錄。

　　因為沒有眾籌成功，Edge提案不得不把資金歸還給支持者。「Canonical」公司創始人馬克・沙特沃斯（Mark Shuttleworth）在提案截止日期之前接受了衛報記者專訪，談到如果此提案失敗了，「毫無疑問它依舊會創造迄今為止籌款金額最高的紀錄，當然，也會是距離目標籌款金額最遠的提案。」

讓人意想不到的是，眾籌平臺「Indiegogo」卻一戰成名，引發了媒體與群眾的廣泛關注，成為了這場「最成功的失敗眾籌」的最大獲益者。雖然Edge的眾籌最終沒有成功，但眾籌平臺的巨大威力還是讓人驚嘆，畢竟12,814,216美元也不是一筆小數目。

Ubuntu Edge

London, United Kingdom　　Technology

Story | Updates 15 | Comments 18588 | Backers 27635 | Gallery 15

$12,814,216 USD
raised by 27,635 people in 1 month

40% funded　　　　No time left

$32,000,000 USD goal
Fixed Funding

CAMPAIGN CLOSED
This campaign ended on August 21, 2013

Select a Perk

圖1-12 ▲ 自有品牌手機「Ubuntu Edge」募資頁面

「Ubuntu Edge」的眾籌案例充分說明，眾籌不僅是草根玩的遊戲，只要平臺足夠大，群眾熱情度高，大象也可以在這個舞台上跳舞。

此外，眾籌具備的優勢卻是傳統融資模式所不具備的，即使你的發明看起來微不足道，也可以放到眾籌平臺上，等待有緣人慧眼識金。有了眾籌平臺的幫助，任何有想法的人都可以啟動新產品的設計生產，這就為每一個草根創業者提供了實現夢想的機會。因此，眾籌平臺不但能登大雅之堂，還可以更加親民。

隨著互聯網金融已是歷史發展的必然趨勢，在這種形勢下，眾籌必定可以借助互聯網的東風快速崛起。眾籌的優勢已無需贅言，眼下比較引人

關注的反而是眾籌引發的各種爭議，比較典型的就是眾籌與非法集資剪不斷，理還亂的關係。可以很明確的說，眾籌不是非法集資，但眾籌屬於公開向不特定人群公開募集資金，很容易涉嫌非法集資。

面對這樣的問題，一方面，政府需要訂立相應的法律法規進行完善，加強監管，另一方面，作為眾籌的重要載體，眾籌平臺還需要更符合規範地運作。

無論是提案發起人、贊助人還是眾籌平臺，都是眾籌活動的主體，小小的「創客」也可以有大夢想；「草根」投資人不但可以獲利，還可以幫他人實現夢想；而眾籌平臺則讓眾籌活動順利開展。在網路時代下，只要能符合規範運作，眾籌將能有更遠大的發展。

CROWDFUNDING
Dreams Come True

發 展

從萌芽到全民參與

荷蘭人是「眾籌」的鼻祖,他們首次運用「眾籌」方式組
建公司,讓一般大眾也擁有投資公司的機會。如果沒有荷
蘭人的首次眾籌,也就沒有現代公司制度和現代金融。荷
蘭人創造了一個前所未有的國家和前所未有的金融模式。

萌芽始於荷蘭東印度公司

隨著網路時代的日新月異，眾籌模式已在世界各地開展得如火如荼，這種打破傳統融資模式的新型互聯網金融，正在受到越來越多人的關注與喜愛。

眾籌並不是一種嶄新的商業模式，眾籌又是從什麼時候開始萌芽的？很多人可能會誤以為，美國「Kickstarter」眾籌平臺網站的成立是眾籌最早的雛形，當然不是，眾籌概念的出現，可以追溯到17世紀。

早在400多年前的1602年，眾籌模式就已經在荷蘭人的推動下開始萌芽。

著名中國央視紀錄片《大國崛起》是這樣描述荷蘭的：

「在歐洲西北部，有一個和英國隔海相望的國家，它的面積只相當於今天的兩個半北京，它的名字叫做荷蘭。

在800年以前，這裡是一片沒有人煙，只有海潮出沒的濕地和湖泊。從12世紀到14世紀，才逐步形成了人類可以居住的土地。直到今天，荷蘭仍有三分之一的國土位於海平面以下。如果沒有一系列複雜的水利設施阻擋，荷蘭人口最稠密的地區，每天將被潮汐淹沒兩次。

就是這樣一個地方，在300年前，也就是17世紀的時候，卻是整個世界的經濟中心和最富庶的地區。一個僅有150萬人口的荷蘭，將自己的勢力幾乎延伸到地球的每一個角落，被稱為當時的『海上第一強國』。」

相較於葡萄牙和西班牙，荷蘭是一個沒有強大王權的國家，直到現在人們還很好奇，當初一個面積只相當於兩個半北京的小國，到底憑藉什麼

力量能在全球建立起強大的全世界商業與殖民霸權，並且由此獲得了爆炸式的財富增長？荷蘭依靠的究竟是什麼呢？答案是荷蘭的船隊。

有此一說：「未來是中國人的世紀，過去是美國人的世紀，而美國人之前，則是英國人的世紀。」英國人之前，則是西班牙、荷蘭。事實上最早殖民印度的國家是葡萄牙，然而葡萄牙的人不多，因此葡萄牙的殖民地都很小，例如澳門。在日本鎖國時代（1635年至1853年），唯二能進行貿易的國家，就是荷蘭和葡萄牙。

荷蘭不過是一個小小的國家，為什麼很強盛呢？因為它擁有「眾籌」與「保險」的概念，這兩樣都是荷蘭率先實行。「眾籌」的概念來自於船隊，荷蘭人集資造了很多艘商船出海貿易，一個人可以花幾兩金子、銀子買幾股，例如製造了100艘船，但是因為海上風浪難以預測，最後只回來了90艘船，那麼這90艘船隻所賺的錢，最後將由100艘集資的人協議均分，這就是由「眾籌」衍生而來的「保險」概念。

為什麼當時的海上貿易如此繁盛？因為當時的歐洲沒有冰箱，並且黑死病橫行，因此需要依賴香料來延長食物的保存期限。只要你能航行到東方的香料群島，載滿一整船的香料回到歐洲，你就發財了。

因此，史上最強大的兩家公司，他們的名字都是「東印度公司」，一是「英屬東印度公司」，二是「荷屬東印度公司」，這兩家公司遠比你所想的還要強大，他們擁有軍隊、船隊，甚至還有領土，只要他們宣示效忠國王就能擁有。

這些做法都是「眾籌」概念，在過去的時代不容易，但是在網路發達的現代卻變得更加容易。

1602年3月20日，在共和國大議長奧登巴恩維爾特的主導下，荷蘭人將英國的「東印度公司」模式進行了複製，成立了世界第一個股份有限公司——荷屬東印度公司，這是人類歷史上第一個聯合的股份公司，但與英國用「私募」的方式組建公司不同，荷蘭人是用「眾籌」的方式組建公司，即向社會大眾募資。

荷蘭萊頓大學歷史系教授維姆・範暨德爾這樣描述此次募資活動：「它（聯合東印度公司）是第一個聯合的股份公司，為了融資，他們發行股票，但是不是現代意義的股票，人們來到公司的辦公室，在本子上記下自己借出的錢，公司承諾對這些股票分紅，這就是荷蘭東印度公司籌集資金的方法。」

荷蘭人是眾籌模式的鼻祖，他們首次運用「眾籌」的方式組建公司，讓一般大眾也擁有了參與公司投資的機會。可以說，如果沒有荷蘭人首次眾籌，也就沒有現代公司制度和現代金融。荷蘭人不僅創造了一個前所未有的國家，還創造了一個前所未有的金融模式。

任何新生事物的誕生都會遭到質疑，眾籌也是。當荷蘭東印度公司透過眾籌模式成立的時候，遭到了葡萄牙、西班牙的訕笑，他們不敢相信，一般民眾可以當股東，更不相信荷蘭東印度公司可以挑戰他們的海上霸權。

荷蘭向大眾進行眾籌，目的是為了荷蘭東印度公司建造大船募集資金之用。許多荷蘭民眾都參與了此次募資活動，甚至連阿姆斯特丹市市長的女僕都成為了東印度公司的股東之一。最後，東印度公司從民眾那裡籌到了6,500,000元，相當於現在的3,000,000歐元，這在當時可不是一筆小數目。

透過向群眾融資的方式，荷屬東印度公司完成了對外擴張的資本募集。在東印度公司成立後的短短5年內，他們每年都向海外派出50隻商船船隊，這個數量超過了西班牙和葡萄牙船隊數量的總和。到了1669年，荷蘭東印度公司已經成為世界上最富有的私人公司，擁有超過150艘商船、40艘戰艦、50,000名員工與10,000名傭兵。而這些財富就是由不被葡萄牙和西班牙看好的一群「烏合之眾」積少成多的資金所創造出來的。

讓人感到不可思議的是，在荷屬東印度公司成立後的10年之間，他們並未向投資人返還一分錢的利息。在10年之後，他們才第一次返還了投資人紅利，然而這樣的方式並沒有投資人站出來提出異議，因為除了公

司良好的經營狀況讓投資人十分有信心之外，更重要的是，包括市長家的女僕在內的投資人們，能和平日裡高不可攀的資本家們一起成為大公司的股東，這種滿足感是多少金錢都無法換來的。

於是，大眾參與籌資所成立的荷屬東印度公司成為了歷史上第一家上市公司。1609年，人類有史以來第一個股票交易所在荷蘭的阿姆斯特丹正式誕生，人們可以隨時將荷屬東印度公司的股票拋售出去，變為現金。股票交易所的誕生吸引了大量的外國人，荷蘭也成為了當時歐洲最活躍的資本市場。

大量資金的湧入讓荷蘭人富有了起來，面對財富的爆炸式增長，1609年，荷蘭人創造性地開幕了全世界的首家銀行，這代表荷蘭人已經進入了現代經濟的核心領域。荷蘭人將有限責任公司、證券交易所、銀行、信用有系統地統一成一個相互貫通的金融商業體系。17世紀中葉，荷蘭在全球商業霸權已牢固建立起來，此時的荷屬東印度貿易公司的貿易額已經佔了全世界總貿易額的一半。

一次並不被看好的眾籌活動，就像南美洲亞馬遜河流域熱帶雨林中的蝴蝶，蝴蝶搧動了幾下翅膀，卻引起了美國德克薩斯州的一場龍捲風。

眾籌模式的萌芽就像是蝴蝶，幫助荷蘭人締造了現代化的公司制度，使得民間分散的小額資金轉化成了擁有巨大威力的資本，讓荷蘭迅速崛起。最重要的是，眾籌的萌芽讓荷蘭人建立起了現代金融生態體系，為現代公司的構建奠定了堅實的基礎。

2-2 全球最大眾籌平臺「Kickstarter」

眾籌模式在17世紀就已萌芽，但真正有所發展卻是在近年。

美國網站「Kickstarter」為目前全球規模最大的眾籌平臺，曾被《時代雜誌》評選為「Kickstarter」是2010年最好的發明，同時是2011年最佳網站。以至於人們普遍認為「「Kickstarter」是美國第一家眾籌網站，然而美國最早的眾籌平臺，其實並不是廣為人知的「Kickstarter」或「Indiegogo」，更早之前還有「Artist Share」等由歌迷自發支持樂手的眾籌平臺。不過將這種商業模式發揚光大的，還是 Kickstarter。而每個成功募資的提案，「Kickstarter」會從中抽取5％費用。

「Kickstarter」於2009年4月正式上線，此平臺支持和鼓勵具有創新性、創造性、創意性的眾籌提案，致力於為想實現夢想的提案人打造一個能向群眾募集資金的平臺。「Kickstarter」提案類型分為13大類和36小類，包含了藝術、漫畫、舞蹈、設計、時尚、影視、食物，音樂、遊戲、攝影、出版、技術和喜劇。在這些類別之中，影視與音樂是最大類別，並吸引了大部分的贊助。此兩類就佔了所有提案的一半以上。如果加上「遊戲」，則超過了一半以上的贊助。

而「Kickstarter」上特別成功的提案，通常背後也都受惠於媒體傳播或名人背書的加持，得以讓更多人意識到所要眾籌的內容與目標。

全球最大眾籌平臺「Kickstarter」共同創辦人Perry Chen（譯為陳佩理），出生於紐約的華裔中產階級家庭，畢業於紐奧良市杜蘭大學（Tulane University）商學院，但其實陳佩理對財務金融沒有太大興趣，反而醉心於紐奧良的爵士音樂。有著藝術家性格的陳佩理，大學畢業後沒有固定工作，組團比賽

四處表演，曾在餐廳當服務生，也當過學前教育老師，偶爾買賣幾張股票，嬉遊度日。

　　陳佩里原本要在紐奧良爵士音樂節舉辦音樂會，卻因資金不足作罷。這個挫折成為他創辦「Kickstarter」的源頭。一開始這個平臺是為了幫助獨立電影人、音樂家與缺乏資金的藝術工作者成立的網站。這些富有創意與想法的創作者，只要將自己的提案上架在網站上，就有機會從全世界的網友那裡獲得資金。

　　陳佩理說：「一直以來，錢就是創意事業面前的一個壁壘。我們腦海裡常會忽然浮現出一些不錯的創意，想看到它們能有機會實現，但除非你有個富爸爸，否則不太有機會真的去做到這點。」這個單純的想法，就是「Kickstarter」最初的雛形。

　　全球最大的眾籌平臺「Kickstarter」，會員數飆破2,000,000人，已經有31,000多件提案成功募集到資金，總金額超過3億4千萬美元，超過10個提案募集到百萬美元以上的資金。籌資平臺的獲利方式多半是來自收取手續費，因此計畫的數量就成為一個重要的獲利指標。為了提升平臺的吸引力，平臺業者除了需考量平臺使用的便利性、多樣性外，更需注意其所經手大量資訊及資金的安全性，及各項服務的適法性。

　　「Kickstarter」可以和購物網站一樣，為消費者提供產品，不同之處在於，購物網站希望消費者能掏腰包把產品買下來，而「Kickstarter」卻想讓消費者忘記購買產品這件事。在「Kickstarter」，你的錢不僅可以得到想要的產品，更重要的是你「成就了別人的夢想」。如果贊助人參與的眾籌案成功了，贊助人會十分滿足，因為這一次的成功也有他的功勞。互聯網時代的行銷講究參與感，在產品還沒有成型之前，消費者就提前參與，這種凝聚了消費者心血的行銷才更容易打動消費者。

　　在過去，一個好的創意或點子往往囿於資金問題被扼殺在萌芽當中，或者另一種情況是雖然融資之後獲得了資金，但在產品問世之後並沒有獲得消費者的認同，造成了龐大的資金與資源浪費。而「Kickstarter」的出

現很好地避免了以上兩種情況的發生，當一個idea在「Kickstarter」上被發布之後，由對這個提案感興趣的人用「贊助」的方式來決定是否要幫助完成這個產品或服務。對提案發起人來說，這是一箭雙雕，不僅可以透過「Kickstarter」的平臺籌集資金，還等於做了一次提前的市場調查，無形中降低了非常多的風險。

毫無疑問，「Kickstarter」是一個充滿夢想與希望的舞臺，在這個舞臺上，任何夢想都金光閃閃，任何互動都充滿著群眾的暖意。即使「Kickstarter」上多數的提案出發點都是為了籌集資金，人們也不願意用平庸的商業目的來衡量這些夢想，因為每一個夢想都是偉大的，每一個支持他人實現夢想的人也是偉大的，而這樣平臺讓兩種不同的偉大在這裡相互碰撞與扶持，最終誕生了一個又一個奇蹟。

一位名為梅根‧格拉塞爾（Megan Grassell）的19歲美國女孩，她是少女內衣公司「Yellowberry」的創始人，這家公司主要向十幾歲的女孩出售適合她們年齡的內衣。

談到創辦少女內衣公司的動機，梅根‧格拉塞爾表示：「我和母親與妹妹在商場買內衣，妹妹正在發育階段，我們想為她購買她人生中的第一件內衣，但是找了很多家商店都沒有。多數只有適合慢跑的運動內衣或者是帶有襯墊、非常性感的托高式內衣，我納悶，為什麼找不到色彩繽紛的可愛少女內衣?然後我意識到，市面上根本就沒有這樣的內衣。一個星期後我突然想到，既然別人不生產這種內衣，那就讓我來吧！我要為少女們設計內衣！」

和所有剛開始創業的公司一樣，格拉塞爾遇到了不小的麻煩——資金。創辦公司需要大量的資金，但作為一名中學生，顯然她沒有足夠的資金去支撐她創業的夢想。

「從六、七年級開始，我每年暑假都去打工。最開始是在加油站加油，後來在一家叫Nora's的餐廳當服務生，這家餐廳很棒，我把賺到的錢都存下來了，用這些錢使我的產品進入原型設計階段。」

　　在與零售商店談合作卻屢屢受挫之後，格拉塞爾決定透過網路進行銷售。格拉塞爾很聰明地選擇了眾籌平臺「Kickstarter」，她的籌資目標是25,000美元，但在最後她成功募資到了41,795美元，這次眾籌是「Kickstarter」最成功的專案之一。憑著這筆資金，「Yellowberry」的發展逐步走上了正規。

圖2-1 ▲ 「Yellowberry」募資頁面

　　在美國，融資的管道當然非常地多，然而人們之所以選擇眾籌的模式，和美國人的情懷是息息相關的。在眾籌平臺上，美國人並不多在意能否得到產品或服務，而是純粹地想要幫助這些人實現夢想，產品或服務只是一種附加價值，這也是「Kickstarter」與其他管道的不同之處，「Kickstarter」有了更多的人情味。

　　在「Kickstarter」之後，也湧現出了為數眾多的眾籌平臺，許多人想要借鑒「Kickstarter」的成功模式，在眾籌平臺領域上開闢新的利潤管道。然而，作為全球最具代表性的「Kickstarter」自然不甘落後，僅2013年，便有3,000,000支持者為「Kickstarter」的眾籌案貢獻了4.8億美元。

　　時至今日，「Kickstarter」依然是眾籌界的大佬，它有最出色的眾籌提案，最廣泛的用戶，它面對的是全世界。「Kickstarter」已發展成為美國，乃至於世界眾籌模式的典型代表，它最知名且最有作為的地方在於，此平臺不僅能滿足選擇的多樣性和實現生產效率的提升，更能幫助一般人實現其長久以來的夢想。

2-3 吹響眾籌號角的美國《JOBS 法案》

2013年被稱為中國互聯網金融元年，以餘額寶、P2P、眾籌等為代表的互聯網金融開展得如火如荼，特別是眾籌，不僅成為了中小微企業融資的新平臺，還催生了許多小企業的誕生。一時之間，眾籌成為了金融市場的新寵兒。

然而，市場繁榮的背後卻存在著隱憂，眾籌模式也具有其爭議，由於沒有明確的法律條文，眾籌經常陷入「非法集資」的爭議之中。

無論哪一個國家，中小企業在國民經濟中的地位都不容小覷，美國也不例外。在過去，美國經濟在資本市場與小型公司的高效對接中獲得了巨大成功，在金融危機過後全球經濟低迷，國內失業率居高不下，中小企業的發展受到很大的衝擊。美國傳統金融門檻高，只有大企業才能在資本市場獲得資金，其高門檻、高標準的特性讓很多中小企業望而卻步。加上金融危機後，美國的銀行和個人信貸緊縮，中小企業間接融資管道收窄，美國金融市場根本無法解決中小企業融資困難的問題。

而美國的眾籌產業因有2012年4月通過的《JOBS法案》，解決了大部份適法性的疑慮。《JOBS法案》的通過，與歐巴馬最大的支持族群之一是在經濟地位上相對弱勢的年輕人有關。

美國政府希望完善小型公司與資本市場的對接，鼓勵和支持小型公司發展，透過放鬆監管來解決中小企業融資困難的問題。

2012年3月8日，美國眾議院透過了《JOBS法案》（Jumpstart Our Business Startups Act），其內容包括：對認定的新興成長企業（EGC）簡化IPO發行程式、降低發行成本和資訊披露義務；在私募、小額、眾籌等發行方面

改革註冊豁免機制，增加發行便利性；提高成為公眾公司的門檻等。2012年4月5日，美國總統歐巴馬正式簽署了《JOBS法案》。

《JOBS法案》最突出的兩點，一是IPO減負，二是非公開融資改革，是一部致力於改善小企業融資便利的「資本市場監管自由化」導向的法案，對以眾籌形勢開展的網路融資活動，包括豁免權利、投資人身分、融資准入規則、與國內相應法律的關係等方面都做出了具體的規定，被公認是眾籌行業最為成熟的法案。

《JOBS法案》一經訂立，就贏得了眾多創業者和投資人的一片歡呼。《JOBS法案》賦予股權基礎的眾籌平臺一個法源依據，且法案規範透過眾籌平臺募資的公司，其募資金額上限為1,000,000美元；此外，募資與投資行為須透過符合法規規範的仲介商或募資平臺方可進行。該法案提供了募資平臺的法源依據，讓人們可為專案募集資金。

《JOBS法案》為眾籌提供了穩定的法律環境，想創業的年輕人紛紛選擇在眾籌平臺上進行融資，期望透過眾籌解決創業資金的問題。和傳統的融資管道相比，眾籌的平臺更加開放，只要提案好，有群眾支持，提案發起人就可以透過眾籌平臺獲得啟動資金。

產業創新的前提必須要有暢通的融資管道，為創業者解決融資困難的問題。如果風投的眼光足夠好，說不定還能在眾籌平臺上萬千提案中發現一個極具潛力的眾籌案，最終培養成為像蘋果、google那樣的超重量級公司。《JOBS法案》的訂立為下一個「蘋果」、「google」的產生打下堅實的基礎。

《JOBS法案》之後，美國中小企業的融資管道變得更加容易與擴大，勢必催生更多創新型企業的誕生，為美國的經濟發展注入了新的活力。

在《JOBS法案》推出之前，眾籌平臺上提案發起人回饋支持的方式往往是

產品或服務，而在《JOBS法案》推出之後，提案發起人可以以現金的方式回饋贊助人了。新法案的訂立勢必帶來一個出售股份的熱潮，比起股份，贊助人們或許不再熱衷於以往提案發起人給的小恩小惠，這也讓同一類型的眾籌提案面臨更激烈的競爭。

當然，並不是所有人都樂意拿自己的股份來換取金錢，遊戲公司「Double Fine Productions」的創立者提姆‧謝弗（Tim Schafer）坦言，他曾考慮過出售一些股份，但讓他覺得兩難的是，為了100元美金而放棄掉自己心愛的公司是一件非常不值得的事情，「我們已經透過提供午餐機會和贈送T恤獲得了三輪投資。」提姆‧謝弗如此說道。

《JOBS法案》讓美國金融市場更加繁榮，拓寬了中小企業的融資管道，對市場的繁榮具有十分重要的意義。美國發達的金融市場同時也將對全球的眾籌平臺監管產生示範作用。此外，美國《JOBS法案》同樣給了很多啟示，在互聯網時代，包括眾籌在內的新興金融的發展必須要與經濟、行業、法律、監管各方面做密切的配合，當在充分利用互聯網所帶來的技術變革與促進創新的同時，不該忽略對新興金融的制約，只有不斷地營造良好的發展環境，才能真正為新興金融的發展提供動力支援。

眾籌在互聯網金融的未來發展如此重要，就現階段而言，臺灣的眾籌除了股權眾籌法案已通過之外，仍是一個無法規管制的地帶。而中國大陸方面，眾籌仍處於無准入門檻、無行業標準、無監管機構的「三無」狀態，究竟是合法？還是不合法？如何規避眾籌提案所帶來的社會風險？此一系列問題在中國的法律框架下尚未有解答。

2-4 中國眾籌：走出本土化之路

眾籌的萌芽最早出現在西元1602年的荷蘭，眾籌最早的平臺網站出現在美國，而眾籌目前發展地最火爆的地方在中國。

一直以來，中小企業在中國國民經濟中就佔有舉足輕重的地位，在促進經濟增長和擴大就業方面有著獨特的優勢，中小企業的經營靈活性與反應敏捷性都為中小企業的發展提供了前所未有的機遇。然而，囿於所有制和內部管理規模的限制，再加上傳統金融的高門檻、高標準特點，中小企業融資困難已經成為制約其發展的頑疾。而眾籌模式的出現，成為了一帖良藥。

業界普遍認為，2013年是中國的互聯網元年，而2014年才是眾籌在中國迅速擴張的一年，各家眾籌平臺網站經過了初期的試水溫，厚積薄發，各顯身手，一時之間眾籌風生水起，成為了最為活躍的互聯網金融模式。然而，火爆的背後，眾籌在中國也逐漸出現了水土不服的症狀。

在中國，提到眾籌就不得不提「非法集資」。「非法集資」往往是以更高的回報承諾來吸引投資人，與之相隨的就是高風險與詐騙。在很長一段時間內，人們聞之色變。對於剛進入中國的眾籌和如此敏感的名詞扯上關係，對發展來說實是不妙。

眾籌在中國的發展只有短短幾年，然而許多眾籌平臺都已經開始謀求轉型，迫使眾籌平臺做出此一決定的原因有很多，但有一個重要的因素不應該忽略，那就是眾籌在中國一直遊走在合法與不合法之間。

中國人民銀行《2014年中國金融穩定報告》將眾籌融資界定為「透過網路平臺為專案發起人籌集從事某項創業或活動的小額資金，並由專案發起人向投資人提供一定回報的融資模式」。「從刑事法律關係的角度

看，眾籌提案人和互聯網平臺承擔的刑事責任風險很大。」寧夏天紀律師事務所主任楊金鐘提出：「可以說任何一個眾籌提案如果想追究刑事責任，幾乎沒有法律障礙。」

眾籌並不等同於非法集資，因非法集資的目的性很明確，就是為了「籌錢」，出資人基本不會參與到專案的管理，而眾籌則是「集眾人之智，籌眾人之力，圓眾人之夢」，提案發起人不僅僅是為了籌集資金，而是聚集大家的智慧完成一個產品或服務，然後透過眾籌平臺，將產品或服務和更多的人連接，眾籌強調的是一種參與感。加上眾籌平臺具有很強的監管機制，對專案的發起、操作流程、結果都有具體的要求，眾籌是一種典型的民間小額資金的融資模式。

在美國，眾籌模式主要有股權式、捐贈式和回報式等多種形式。在中國，眾籌模式還是以預售式與回報式為主，股權式眾籌相對較少。這是因為美國在2012年制定了《JOBS法案》，將眾籌納入到法律條款內，在中國，由於缺乏相關的法律條文，股權眾籌方面的嘗試具有一定的法律風險。雖然眾籌在中國已經火紅起來，但其眾籌平臺都如履薄冰。

目前，眾籌在中國國內面臨的挑戰主要有兩方面，其一是相關法律的不完善，此在極大程度上制約了眾籌的發展，由於擔心操作過程中會觸犯到相關法律，因此中國眾籌平臺都小心翼翼、縮手縮腳；其二是缺乏良好的信用環境。提案發起人和贊助人彼此都缺乏足夠的信用，提案發起人擔心眾籌提案被山寨，智慧財產權無法得到保護，贊助人則擔心提案發起人捲款潛跑。

由此可看出，眾籌在中國遭遇到許多挫折，如果將其他國家的經驗直接模仿過來，顯然會水土不服。眾籌想在中國站穩腳步，就必須走本土化的道路，根據中國國內的實際情況穩紮穩打，走出一條具有中國特色的眾籌之路。

「前3年的眾籌經驗告訴我，『Kickstarter』的模式並不適合中國。」點名

時間的創始人張佑毫不客氣地說道。

「點名時間」是中國最早的眾籌平臺網站，但在2014年年初，「點名時間」宣布轉型為智慧硬體預售平臺。張佑坦言：「相比國外，國內的眾籌用戶更實際，他們希望眾籌的提案能夠有實物回報，而且不同的贊助人對眾籌的理解有差異。」

在張佑看來，「Kickstarer」上聚集著一群理想主義者，他們對改變社會有著偉大憧憬，在購買時感性因素超越了理性。但是中國用戶更為理性，他們不希望自己的投資得不到回報。因此，用戶的心態決定了眾籌案成功的可能性。

當然，除了這個原因之外，政策與法律因素也是「點名時間」選擇轉型的重要原因。眾籌平臺具有一定的法律風險，眾籌還屬於中國法律的灰色地帶，目前還沒有對眾籌行業形成具體標準的法律條例。因此平臺上一旦出現虛假提案，其所募集的贊助人資金和資金池也可能涉嫌非法集資。

如今，無論是政府、還是眾籌平臺，都不應該迴避眾籌所面臨的各種問題，更不能因噎廢食，放棄眾籌。一方面，眾籌應該走本土化之路，在實踐中逐步地完善自身，另一方面，中國應該借鑒美國的《JOBS法案》，加緊訂立相應的法律法規，把眾籌納入到法律框架之內，為眾籌的發展保駕護航。

作為當前最活躍的互聯網金融形式，眾籌在中國的發展才剛剛開始。

雖然，在中國市場上，眾籌的發展尚未成熟，與傳統融資相比較，眾籌融資方式也存在著它的弊端。但是總體來說，對於企業，尤其是小型初創企業，透過眾籌融資到第一筆資金，使專案得以啟動，確實是一個快捷可行的辦法。

在目前的中國，小型初創企業往往因為提案過小，很難找到天使投資人為其投資，然而透過眾籌方式可以快速找到資金，讓企業發展邁出第一步。當然，因為眾籌贊助人多數沒有創業和企業管理經驗，在對提案的考量和後期企業的發展上，不能給予企業專業的指導，這也需要眾籌贊助人和眾籌專案發起人需要謹慎考慮的地方。

2-5 中國眾籌：走向大眾化的全民參與

　　自2011年眾籌進入中國後，眾籌在中國以迅雷不及掩耳之勢迅速發展起來。據統計，從2011年「點名時間」將眾籌模式引入中國，至2015年6月15日為止，中國已有眾籌平臺達190家，剔除已下線、轉型及尚未正式上線的平臺，共計165家。

　　2011年7月，中國國內第一家眾籌網站「點名時間」上線。在隨後的兩年時間內，各種不同類型的眾籌平臺網站相繼建立起來。隨著2014年，阿里巴巴、京東、浦發銀行等重量級選手加入戰局，眾籌此一大眾籌集平臺也從小眾走向了大眾化。

　　中國國內的眾籌模式，主要以回報式和股權式兩種形式出現，其中回報式眾籌模式仍處於主導地位。截至到2016年初，中國回報式和股權式眾籌平臺總數已達129家，1年內新增平臺85家。其中，股權式眾籌平臺由2014年的5家增至到32家。

　　雖然數量不及回報式眾籌，但從融資規模來看，股權式眾籌平臺的融資規模明顯高於回報式眾籌平臺。據相關資料顯示，2015年第一季度中國眾籌募資總金額為5,245萬元（人民幣），股權式眾籌募資為4,725萬元，獎勵眾籌募資僅520萬元。到第四季度，中國眾籌募資總金額累計突破4.5億元，其中回報式眾籌融資10,435萬元，股權式眾籌融資34,682萬元。股權式眾籌的融資金額明顯高於回報式眾籌。2015年3月底，京東也上線創建了股權眾籌平臺，京東的加入，對於股權眾籌的發展必將有巨大的推動作用。

　　「天使匯」眾籌平臺，是繼「點名時間」和「眾籌網」之後中國第三大的

眾籌平臺，也是目前中國最大的股權式眾籌平臺。「天使匯」的經營理念是：讓靠譜的專案找到靠譜的錢。

「天使匯」成立於2011年，此平臺的目標是透過互聯網使中小企業以最快的速度完成融資，並能夠最大限度的獲得資金以外的附加價值。附加價值包括了從企業初創期到成長期的線上眾籌股權融資；從成長期到Pre-IPO階段的股權轉讓服務;為投資人提供最佳的直接投資機會。切實幫助更多的創業者實現自己的創業夢想。

「天使匯」是一個實名制平臺，投資人與創業者可以互相評價，透過大數據，涵蓋專案發起人和投資人在融資前期、中期、後期的所有行為。

至2016年初，「天使匯」平臺入駐的創業專案達到18,000個，有1,400位認證投資人，280多個專案，並完成了5億人民幣的融資金額。其中較著名的眾籌案有「嘀嘀打車」、「黃太吉」、「麵包旅行」等。

從眾籌在中國的發展趨勢來看，在「眾」方面的發展速度要遠遠大於「籌」，也就是說，眾籌在中國的發展，雖然募集到的資金與世界其他國家相比還有差距，但是，眾籌涵蓋的範圍和人群卻是發展迅速。從眾籌進入中國之後，眾籌很快就形成了一個席捲互聯網的潮流，其所涵蓋的範圍延伸到了生活各個領域，而領域內的垂直類眾籌平臺發展迅速。

從藝術到影視、音樂、出版、智慧科技、生態領域到房地產，都有各自領域的眾籌平臺出現。從眾籌「漫畫」、「微電影」，到眾籌「買房」、「買地」，甚至於2014年，「網信金融」眾籌網旗下的股權眾籌平臺「原始會」上線了一則融資1千萬元的光伏電站眾籌提案。目前，各領域的垂直類眾籌平臺還是呈現持續發展的趨勢。

相對於專業領域的垂直類眾籌平臺的發展，可以運作多類型眾籌專案的綜合類眾籌平臺的發展稍微慢一些，但是正因為涵蓋面向較廣，雖然平臺數量不及垂直類眾籌平臺多，但是在於融資提案和金額上並不遜色。淘寶、百度等巨頭的加入，讓綜合類眾籌平臺的發展迅速加速。

截至到2015年12月，在「淘寶」眾籌平臺上線的眾籌提案已經超過2,500多個，累計籌款金額超過5.8億，其中科技類眾籌提案所占比例接近90%。有近120個眾籌提案獲得「風投」，有些提案甚至估值過億。2015年8月31日，「淘寶」眾籌平臺上線了一個名為「謎‧零碳度假營地」的提案，僅僅8個小時就完成了100,000人民幣的眾籌目標，這是中國國內首個發起眾籌的智慧科技類度假專案。

中國眾籌在融資的同時，更有了商業模式上的突破。一方面，移動裝置和互聯網技術的普及，建立了投資人和專案發起人有效的即時溝通管道與平臺，這樣的管道和平臺貫穿於整個眾籌提案週期。在過程當中，眾籌案能構建起有效的線上社會化網路，使投資人和專案發起人能形成「社群」，並傳遞信任，在眾籌案完成的過程中所連結而成的社群，也將是一個無形的珍寶。

另一方面，眾籌的蓬勃發展在整個社會建立起創業文化，包括：推進共用辦公室（蜂巢）、孵化器（育成中心）、加速器等，都提供了輔導和互相學習的機會，以及創造出與投資人的溝通橋樑。透過眾籌此一模式，人們的社交範圍有了更進一步的深入和擴展，人與人之間的相互瞭解和信任有了更進一步的強化，反過來又將對眾籌的發展發揮了促進作用。

如今，眾籌模式進入中國已幾年的時間，市場正日趨成熟，群眾對於眾籌這一模式也有了進一步的認知和認可。相信在接下來的時間裡，中國眾籌將會以更快的發展速度，在更深的層面和更廣的領域內，推動全民創新創業的發展。

CROWDFUNDING
Dreams Come True

現　況

國內外眾籌的發展與現狀

近代的自由女神「眾籌案」的募資金額之大,動員的人數之多,即使是在現代也堪稱奇蹟。最終,這一座舉世聞名的自由女神雕像透過群眾的集資而佇立在紐約曼哈頓外海的自由島上。她不僅成了紐約市的標誌,也成為了美國的象徵。

國外眾籌的發展與現狀

　　眾籌在國外的發展比亞洲要早，根據維基百科的資料顯示，全世界第一個運用群眾募資活動的是1997年的英國樂團「Marillion」，它透過廣大的群眾成功地募集60,000美元，並順利完成美國的巡迴演出。

　　目前全球最具規模的眾籌平臺網站是2009年創建於美國的「Kickstarter」，時至今日，尚未有一家眾籌平臺超越它。

　　在此之前，除了前述1602年萌芽於荷蘭的眾籌概念之外，近代一個非常典型的眾籌案例就是1884年美國紐約的自由女神眾籌案。

　　座落於美國曼哈頓自由島上的自由女神像是19世紀時，法國人民贈給美國人民的禮物。美國曾是英國殖民地，美國獨立成功是由於法國的幫助，當美國要進行獨立運動時，英國便派兵鎮壓，法國因反英而幫助美國。

　　這個自由女神像可惜當時美國政府的預算不足，無法擔負基座約25萬美金的訂單（約現今6,300萬美金），美國自由女神像協會試圖舉辦大型募款活動，卻無法達成預期效果，紐約州和美國國會也都否決了相關費用的支付法案，因此基座建置工程陷入延宕。

　　當時沒有網路，最後是《紐約世界日報》老闆普立茲決定協助解決這個困境，他開始於報中大篇幅推行募款活動，並且向所有人承諾，只要你有捐款、即使是1美分、1美元，他都會將捐款人的名字刊登於報紙上。

　　這場募資活動在5個月內號召了超過160,000名的捐款者，總募資金額超過了100,000美元，其中包含了兒童、商人，甚至清潔工，甚至三分之一的捐款金額都小於1美元，成為史上最成功的眾籌案例，也就是所謂的「捐贈式眾籌」。

　　而「Crowdfunding」這個詞首次在2006年出現時，就是用來形容自由女神

像的眾籌事件。

圖3-1 ▲ 《紐約世界日報》自由女神募資報導

近代自由女神「眾籌案」的籌款之巨、人數之多，即使是在今日也堪稱奇蹟。最終，這個舉世聞名的自由女神像透過群眾的集資而佇立在紐約曼哈頓外海的自由島上。她不僅成了紐約市的標誌，也成為了美國的象徵。

「Kickstarter」和「IndieGoGo」是目前全球最大、發展最快的兩個美國眾籌平臺，也是回報型眾籌平臺的典型代表。

「IndieGoGo」2015年6月首度進入亞洲的上海、北京與深圳等地進行創客社群交流，找尋合作機會。臺灣部分，「IndieGoGo」則與臺灣硬體製造協作平臺「HWTrek」合作。

兩大美國的眾籌平臺據「數位時代」網站分析其不同之處為：

（1）「Kickstarter」的專案發起人必須擁有美國或英國銀行戶頭，但「Indiegogo」採用信用卡與PayPal收款。

（2）「Kickstarter」的專案需審核通過，「Indiegogo」不需審查專案內容與類型。

（3）「Kickstarter」為「All-for-Nothing」（全有或全無）募資模式，專案募資金額若沒有達標，款項要全部退回。但「Indiegogo」採「All-for-Nothing」和「Keep-it-All」兩種募款模式，專案可依照需求自己選擇，比較彈性。

（4）「Kickstarter」上面的群眾以男性科技族群為主，「Indiegogo」男性與女性比例均衡分布。

「Indiegogo」統計至2015年，目前月活躍用戶數為1,500萬人，共計30萬個提案在平臺上進行中。另外，有35個提案募集到100萬美元以上的資金，每週募集資金總額以百萬美元起跳，最後更吸引3億美元以上創投資金投入。

2010年創建於澳洲的「Pozible」也是一個回報式眾籌平臺。創建之初，它用的是「Fund Break」這個名字。「Pozible」在2012年一共募集到了5,800,000美元的籌款，支持了1,903個提案的發展。

雖然，眾籌已經在很多國家快速發展起來，目前全球有近兩千家群眾募資平臺，美國在「JOBS法案」的保障下，群眾募資平臺超過350家，領先全球。其中以回饋基礎型的平臺數最多，而股權基礎型的平臺成長數則最快。

總體來說，眾籌的發展基本上還是以北美和歐洲為主。截至2015年，北美和歐洲佔據了全球95%的眾籌市場。在北美和歐洲的眾籌平臺上所籌集到的資本規模，也遠遠遠大於全球其他地方，北美和歐洲也是眾籌平臺發展最快的區域。

從調查結果看，全球84.6%的眾籌平臺主要分布在北美和歐洲。而亞洲和南美洲則分別佔據全球眾籌平臺的6.7%和4.3%。大洋洲佔據了2.4%，非洲佔據了1.9%。

在亞洲和大洋洲，眾籌正在加速發展。南美洲、非洲和亞洲受益於小額信貸創新的激勵，對眾籌可能會採取溫和的管理方式，希望透過這種新的金融工具來加速創業型風險投資在本地的發展。在南美洲和非洲，眾籌活動正處在萌芽階段，預計其發展速度會超越那些眾籌發展趨向成熟的地區。

據相關資料顯示，北美和歐洲以外的眾籌市場，在2014年的年增長率為65%，到2015年達到了150%。這在一定程度上證明，對於金融市場

發展相對落後的地區，眾籌顯然更有可能展示出它的顛覆性。2015年，全球眾籌平臺約1,450個，募得總金額為6,900億台幣，較2014年成長167%。北美洲仍是最活躍的群眾募資市場；亞洲在2015年則有380% 的爆炸性成長，擠下歐洲成為第二大的群眾募資市場。

從全球來看，數量空前的眾籌平臺正準備或已經開始運營，從中我們也可以一窺未來的眾籌市場：在亞洲、南美洲和非洲，由於眾籌法律規範的不確定性，也同樣限制了新的眾籌平臺的發展；相比而言，大洋洲在眾籌法律監管方面的不確定性，要比亞洲、南美以及非洲少一些，所以，大洋洲可以被認定為一個眾籌融資比較成熟的市場。而歐洲，由於圍繞眾籌的法律規範已經明確，各方面發展也比較完善，所以平臺眾多，新的眾籌網站只能依賴自身的競爭優勢進入這個市場。

總體來說，全球的眾籌市場正在高速增長，到2016年，全球眾籌融資規模預計將達到近2,000億美元，眾籌融資平臺將達到1,800家。據Massolution研究報告指出，2015年全球眾籌平臺總募集金額已達580億美元；世界銀行更預測在2025年將突破960億美元。

總體來說，眾籌不應該是一個短暫時髦的新概念，而是一種科技與社會相結合而產生的新思維方式。移動裝置與互聯網時代是物物互聯、人人互聯的大環境，讓人與人之間的交流變得更直接、容易，群眾彼此分享自己的想法也變得容易得多，這種情況為眾籌的持續發展奠定了基礎。

眾籌透過聚集社會資本來提供解決資金問題的支持，讓社會的閒散資源得以充分利用，這種基於眾人參與的眾籌模式，讓社會資本的使用效率達到最大化。因此，這種基於大眾並回饋於大眾的眾籌模式在未來將有非常巨大的發展潛力和應用市場。

3-2 國外的垂直類眾籌平臺

　　國外的垂直類眾籌平臺已經在眾籌市場佔據了一席之地。一些較為大型的眾籌網站將注意力放在當前較流行的領域上，運用投資回報的模式對這些領域的提案進行運營。目前國外較為流行的垂直類眾籌平臺主要有以下幾類：

❶ 地產行業眾籌

　　國外的地產行業眾籌平臺一直被大眾所關注，人們寄予的期望也很高。但是，目前地產行業的眾籌只針對一些具有經驗的投資人和獲得授權的投資人開放。

　　在地產領域，「Realty Mogul」、「Fundrise」和「Prodigy Network」是幾個知名的眾籌平臺。當前，地產眾籌模式正在朝著一個新方向發展，它允許投資人選擇一個特定的地產案進行投資，如此，投資人在投資早期就可以和提案發起人形成互動，避免了信任所產生的問題。

　　「Prodigy Network」是一個全球運營的眾籌平臺。此平臺計畫在哥倫比亞的「Bogota」（波哥大）蓋起當地最高的建築。最終，有超過3,000名投資人投資這個專案，籌資金額為1.7億美元。「Prodigy」聲稱這是其所完成資金最高的眾籌案。

　　研究機構「IBISWorld」曾斷言，在世界地產業，地產眾籌平臺可以容納超過5.2萬億美元的資金專案，地產眾籌的發展前景不可小覷。

❷ 替代能源眾籌

　　替代能源的眾籌案在世界各地的發展並不均衡。多數平臺都以實物回報的方式或者是為環境保護做貢獻作為理由來推廣這個眾籌案。

荷蘭的一家眾籌平臺「Windcentrale」曾聲稱在2013年9月，有1,700名荷蘭人合計買下了6,648股，在短短13小時內達成了一個「風力渦輪機」眾籌案。在這個提案裡，每200歐元的投資所產生的電量，在荷蘭可以支持一個普通家庭一年的用電量。

在英國，「SunFunder」、「Mosaic」、「AbundanceGeneration」和「Trilionfund」是幾家著名的太陽能開發平臺。但是，這幾家平臺大多數都處在營運負債的狀態。只有「Sun-Funder」較為積極地為眾籌案尋找資金，為第三世界國家那些落後和貧困的地區提供可用能源。

③ 硬體眾籌

在硬體和科技產品領域，許多高品質和高口碑的產品都在預售的眾籌策略中獲得了很大的成功，然而有時候也會面臨到市無法滿足市場需求的情況。

目前，很多硬體或科技產品公司不僅利用眾籌平臺進行預售，還將進行大規模地生產研發和行銷，與眾籌集資捆綁在一起，藉此降低風險。

「Dragon Innovation」是一家座落於美國波士頓的公司，他們和「GE」、「ArrowElec-tronics」這些大公司都有緊密的合作。「HWTreck」是臺灣一家和世界各地廠商都有合作的硬體製造協同平臺，這兩家公司都在運作硬體眾籌專案。

④ 電影和影視眾籌

談到電影行業，因為它的高回報率和口碑，讓此一專案更容易取得眾籌的成功。「Kickstarter」和「IndieGoGo」兩大平臺都與大型的電影公司合作，並分別在自己的平臺上為這個類別單獨開設了頁面。

在「Kickstarter」上，電影和影視屬於兩種不同的類別。在「Kickstarter」合計9億的集資總額裡，電影和影視行業就占了1.8億多，超過了總額的20%。並且一些在「Kickstarter」上眾籌成功的電影還獲頒了奧斯卡獎，更使人們認知到眾籌給這個行業帶來了什麼樣的

衝擊和改變。例如，曾在「Kickstarter」上成功集資52,527美元的電影《Inocente》（臺灣譯為《控訴》），是一部由Sean Fine和Andrea Nix Fine於2012年所執導的短片。這部影片曾獲得2012年奧斯卡金像獎最佳紀錄短片獎，講述一個來自美國加州的15歲無家可歸小女孩勵志要成為藝術家的故事。這部影片的部分資金是兩名導演於2012年7月透過眾籌平臺網站「Kickstarter」所籌得，共得到294名贊助人的支持，總計50,000美元的籌款。

雖然，「IndieGoGo」沒有公布電影類別集資的比例，但是電影類別在「IndieGoGo」上也是占了相當一部分的比例。在「IndieGoGo」上，電影類最成功的眾籌案是《bouncebank》（譯為《愛和虛擬性愛》），它最終的集資金額高達638,000美元。

電影眾籌可以有效地降低風險，並保持內容創新。對於電影眾籌，導演只要對特定人群發起話題，就能更容易地得到群眾的贊助。

⑤ 音樂／演出眾籌

音樂或演出眾籌的運行模式是，將眾籌的目標資金以門票的方式賣出，如果賣出了足夠門票，即表示眾籌成功。演出類的眾籌案不僅僅侷限於音樂類型，還包括讀書會、烹飪、商業講座等聚會類的活動。

曾經在南美洲樹立品牌的巴西眾籌平臺「Qucrcmos」，在北美洲又建立了「WeDcmand」平臺，進行有關音樂和演出類向的眾籌。在演出集資之前，他們多半先透過網路測試觀眾對相關劇碼的感興趣度，如果觀眾產生興趣，他們才發起眾籌案，如此一來，專案成功的機率就比較高了。

⑥ 圖書出版眾籌

圖書出版類的眾籌在國外是較被認可的，很多圖書出版類的眾籌專案都會在「Kickstarter」和「IndieGoGo」上進行。

2013年，眾多的設計師、開發者和創業者們，都紛紛投奔

「Kickstarter」。據統計，2015年共有8,000多個出版專案登錄「Kickstarter」，所有出版專案總計籌得資金2,700萬美元，每位贊助者的平均贊助金額為3,540美元。

其中金額最大的眾籌案是一個稱為《解剖大師》的圖書繪本，這是一個由迪士尼、夢工廠、皮克斯、漫威等頂尖公司的多位動畫師、插畫師、漫畫家聯手繪製繪本的出版品。此眾籌案在「Kickstarter」平臺上共籌集到資金532,614加元，投資這個專案的贊助人共有6,974位。

在英國有一家僅僅做圖書出版眾籌的公司「PubShush」，「PubShush」有一個特定的線上工具，幫助作家們完成眾籌案的所有過程，並在這個過程中和作家們一起合作。

⑦ 教育類眾籌

教育類眾籌在國外可以得到絕大多數人的支持，也有一些運行較好的教育眾籌平臺，例如「Pavc」就是一個優秀的教育眾籌平臺，在平臺上，贊助人可以直接向他們認為有潛力的年輕人進行投資，幫助他們完成學業。當他們一旦進入專業領域或者開始工作，就需要向贊助人繳納投資款和利息。

因為是直接對人的投資，所以此一眾籌案也引發了人們爭議：有言論批評將這樣的眾籌案比喻為奴隸制度，但是，更多的人認為直接投資給有潛質的學生，更能有效地激發年輕人的野心和潛能。

⑧ 網路應用眾籌

網路應用眾籌需要集資的金額比較大，因此從事此類向的眾籌平臺還不是很多。但是，在互聯網已經完全普及的現代，網路應用眾籌應會有一個好的發展前景。大眾融資平臺「Appbackr」稱，一般的網路應用開發需要集資1,000,000美元用於開發和市場推廣，而融資後不到6個月的時間，投資人就能得到回報。

⑨ 啤酒業眾籌

　　與國內不同，在國外啤酒和飲料行業當中，眾籌這種集資方式似乎必不可少。在這個領域的眾籌案中，有一個典型的成功案例就是前述的「BecwDog」（釀酒狗），它是蘇格蘭的一家小型啤酒公司，透過眾籌，成功地進行了多次的集資目標。2014年所完成的兩個集資目標，分別為籌集了3,000,000英鎊和4,000,000英鎊。

　　以上所述的垂直類眾籌平臺，是目前國外較流行類向的眾籌平臺。並且隨著社會發展，分工越來越精細，將會有更多新興的行業產生，並加入到眾籌平臺的行列中來。

3-3 全球各具特色的眾籌平臺

在國外的眾籌市場，除了常規的幾種眾籌平臺之外，還有一些看起來有些另類的眾籌平臺。這些另類的眾籌平臺，不僅滿足了一些特定領域用戶的融資需求，也為還顯單薄的眾籌市場增添了色彩。

1 Indiegogo：不限定客戶類型的眾籌平臺

「Indiegogo」是僅次於「Kickstarter」的世界第二大眾籌平臺，成立於2008年，他們的目標是成為大型而多元的投資公司。「Indiegogo」的與眾不同之處在於，他們與其他類型的眾籌平臺都有特定的服務目標不同，「IndieGoGo」不限定他們的客戶類型，他們不對在其網站上所發布的眾籌提案進行審查。正如「Indiegogo」的創始人史拉法‧魯賓（Slava Rubin）所說：「從肝臟移植到購買新專輯或者開餐廳，我們都可以滿足客戶的資金需求。」

與「Kickstarter」相比，雖然在籌集金額上屈居第二，但是「Indiegogo」成功的眾籌案數量卻是「Kickstarter」的1.3倍。在「Indiegogo」歷史上，有過特斯拉博物館（Telsa Musemum）（原定目標是850,000美元，24小時內達到預設目標一半，一周內就達到目標，最後達成1,300,000美元）和為受學生霸凌的校車監護人籌集善款的「Karen Klein計畫」（約700,000美元）兩個著名眾籌專案。同時，相較於「Kickstarter」的封閉性，「Indiegogo」是一個對外完全開放的眾籌平臺。

2 Crowdcube：以股票為基礎的眾籌平臺

「Crowdcube」創建於英國艾希特大學（University of Exeter）創

新中心，是全球首個股權眾籌平臺，創始人是達倫‧威斯雷克（Darren Westlake）和路克‧朗（Luke Lang）。因創立了企業經營者籌集資金的新模式，被英格蘭銀行描述為「傳統銀行業的顛覆者」。「Crowdcube」是一個以股票為基礎的眾籌平臺，在「Crowdcube」平臺上，創業者們可以繞過天使投資和銀行，直接從普通大眾那裡募集到資金。而專案的投資人，除了可以獲得投資回報，還可以與創業者交流，更重要的是，投資人能夠成為創業者所創辦企業的股東。

2013年2月，「Crowdcube」的模式被FCA（金融市場行為監管局）認定為合法。

❸ Seedrs：科技創業版的「Kickstarter」

「Seedrs」是一家針對普通大眾的眾籌投資平臺，被網友們稱為「Kickstarter」的「英國版」。Seedrs平臺於2012年正式上線，致力於為英國網友們提供類似於「Kickstarter」模式的投資方式。但是，「Seedrs」與「Kickstarter」不同的是，「Seedrs」將目光瞄準了新興的高科技領域，致力於打造一個科技創業版的「Kickstarter」。

因為針對的是普通大眾，在用戶投資之前，「Seedrs」會針對其用戶進行一份投資風險的測試，表明用戶明白投資所存有的風險。一般大眾在「Seedrs」平臺上投資專案後，將有機會獲得一定比例的稅款減免。在稅率較高的英國，這一點對英國民眾非常具有吸引力。

❹ Lucky Ant：利用區域優勢的眾籌平臺

與其他眾籌平臺以類向來吸引投資人，「Lucky Ant」眾籌平臺不同的是，它充分利用了眾籌的區域優勢，透過向一定區域內的使用者推薦本地企業，讓使用者向企業提供贊助，並能獲得相應的回報，讓使用者支援他們所在區域的企業眾籌案。

❺ Rock The Post：與社交融合的眾籌平臺

在互聯網時代，社交是一個離不開的話題。「Rock The Post」將眾

籌的概念和社交網路整合在一起，實現眾籌與社交的融合。在「Rock the Post」平臺上的用戶，可以相互關注，分享所支援專案的詳細資訊。使用者可以自己創建網路社區，透過向某些企業提供資助、建議或材料資源等方式獲得回報。

⑥ Gambitious：針對遊戲的眾籌

荷蘭的「Gambitious」是一個專門針對遊戲提案的眾籌平臺，在這個平臺上，遊戲玩家與遊戲開發商透過眾籌模式連結在一起。

遊戲玩家可以透過「Gambitious」平臺，向自己喜歡的遊戲提供贊助，並在遊戲公開發行之前製造相關話題，推動遊戲上市。投資人可以購買他們所支持遊戲的股權，一旦遊戲開始盈利，投資人將參與分成。「Gambitious」平臺的此一模式，為不擅長融資的遊戲開發人員提供了更多的籌資機會。

⑦ AppStori：應用程式的眾籌平臺

「AppStori」是一個針對智慧手機軟體應用程式的細分型眾籌及協同開發平臺。在「AppStori」平臺上，應用開發商和消費者在應用製作的早期階段就開始合作，並且「應用開發商和企業家們在研發軟體應用程式時所建立的關係，並不會隨著集資活動的終結而結束，也不會在軟體應用程式推出市場之後而結束。」

「AppStori」聯合創始人艾莉·艾伯卡西思（Arie Abecassis）說：「AppStori平臺就是為啟用並發現移動軟體應用程式而設計的。」

與其他類型的眾籌平臺相比，「AppStori」的整體服務收費標準要高一些，如果某個專案在這個平臺上眾籌成功，「AppStori」會收取所籌募資金的7%作為佣金，並且且這筆款項不包括Amazon Payments所收取的2%至3%的服務費。

⑧ ZIIBRA：玩音樂的眾籌平臺

「ZIIBRA」是一個專門針對音樂人和熱愛音樂的投資人的眾籌平

臺。「ZIIBRA」的總部設立在美國華盛頓州西雅圖，「ZIIBRA」的經營理念是「to help keep creativity alive and well.」（幫助保持創造力的存在）。在「ZIIBRA」平臺上，投資人可以瞭解到工藝背後的故事。

「ZIIBRA」給予熱愛音樂創作的人士提供工具和宣傳的平臺，也給予那些希望支持創作人的投資人一個瞭解和支持的平臺。在「ZIIBRA」平臺，藝術家們可以上傳他們近期將要發布的歌曲並進行預售，將自己的作品推向市場。

⑨ ZAOZAO：面向亞洲設計師的眾籌

總部設立在香港的眾籌平臺「ZaoZao」，是為了讓亞洲的獨立設計師能將自己的作品推向市場而量身打造的一個眾籌平臺。如今，「ZaoZao」已經發展為亞洲第一個時尚用品眾籌平臺。

「ZaoZao」的運營模式與「Kickstarter」類似，在這個平臺上，對提案發起人提交的申請會進行嚴格篩選。在這個平臺上發起眾籌案的設計師，可以在網站上自建頁面、上傳自己設計的作品。但是，並不是每個上傳作品的設計師都能展示在「ZaoZao」上，只有被判定是最佳作品，才會放在網頁上進行展示。並且，在時間、數量上，「ZaoZao」也對產品的展示有嚴格的限制。因為在「ZaoZao」平臺上所展示的作品，「ZaoZao」會極力地協助設計師將作品推向市場。

當然，有特色的眾籌平臺還不只這些，隨著眾籌市場的成熟，還會有更多更有創意的眾籌平臺出現。

3-4 臺灣眾籌的動態與發展

　　眾籌在臺灣稱為「群眾募資」，在太陽花學運之前，其實群眾募資並不是那麼廣為所知。太陽花學運時，發起人運用眾籌平臺「flyingV」，締造35分鐘內募資1,500,000元（新台幣），3小時內募得6,330,000元的驚人成績，成功跨海買下「紐約時報」廣告平臺，flyingV從此打開知名度，目前是臺灣最大的眾籌平臺。

① 臺灣最大的眾籌平臺：flyingV

　　「flyingV」開辦第一年就收到超過300件創意提案，經審查後約有120件提案上架募資，結果有70件眾籌成功，募資總金額超過1,500萬。到了2015年，已經約有510件眾籌案募資成功，募資總金額超過2億元。

　　「flyingV」創辦人林弘全鼓勵年輕人發揮創意打造自己的夢想，借由眾籌的力量將它實現。目前flyingV旗下已有四個不同性質的網站，如：flyingV、VDemocracy、Vstory、Vshop。

　　「Gearlab」（器研所）設計的「New Urbanbike城市自行車」，含高跨版及低跨版兩種型式，是由從美國與義大利工業設計系學成歸國的張博翔與孫崇實所研發完成的，他們回臺灣工作的期間，曾擔任捷安特公司（GIANT）設計師，設計了多款暢銷自行車。

　　兩位設計師在工作上雖然一路順遂，但一直有個夢想，希望能設計自己心目中理想的城市自行車，在醞釀多年後，於2008年終於創立了自己的品牌。受到國外城市生活感受的影響，他們開始思考，如何在臺灣也讓這種友善城市的生活方式融入環境，讓居民感受在地環境與城市之美。

　　兩位設計師希望在這台自行車在誕生之後，可以減少在都市的騎乘問題，

並成為自己心目中理想的產品。

　　當這個創意提案被放在「flyingV」平臺時，原本預計開放預購20台，結果很快就額滿，這台城市自行車預定上市價為39,800元新台幣，在各方贊助者及網友熱烈要求下，再度開放第二批的贊助者預購量20台，雖然第二批的預購價已由第一批的19,800調高為24,800元新台幣，但還是很快又額滿。這個提案由原本的募資目標400,000元，最後募資金額為896,900元，達成原本目標的224%。

圖3-2 ▲「New Urbanbike城市自行車」募資頁面

② 臺灣著名眾籌平臺：ZecZec（嘖嘖）

　　「ZecZec」（嘖嘖）也是臺灣知名的眾籌平臺，由創辦人徐震與林能為於2012年2月正式上線。當你想出一個很棒的點子，只要具有可行性及市場性，無論任何類型，都可利用文案與影片等方式，上傳到眾籌平臺網站，介紹你的創意與想法，經平臺審核通過及簽署提案人合約，即可將你的提案上架，公開向網友募資，幫助你的提案付諸實行。若未達募資金額門檻，則會將已募得的款項全數退還贊助人。而群眾募資平臺的獲利模式為：募資成功時，向提案人收取募資金額8至10%手續費（依平臺不同而異）。

提案發起人賴柏志於2014年8月在「嘖嘖」平臺上提出「Stair-Rover八輪滑板」眾籌案，賴柏志畢業於皇家藝術學院，是個熱愛發明的工業設計師，喜歡鑽研各種工程和設計上的新技術。在經過數年研發，設計出一款 Stair-Rover八輪滑板車，除了可以讓使用者跨越新的地形，也能讓使用者發掘自己的新特技。

在平地上，八輪滑板和一般的滑板一樣容易操作，當地形一旦開始顛簸，以專利技術研發出來的輪架結構，其獨特設計底盤會吸收路面帶給輪胎的衝擊，讓滑板無礙地前行。一旦遇到階梯，Stair-Rover就會展現出如它的名字一樣的威力。

Stair-Rover的八輪滑板讓原本非玩家的人也躍躍欲試，原預定募資目標20萬元（新台幣），結果在2個月時間裡成功在「嘖嘖」募集超過3,900萬元，刷新臺灣眾籌案的募資金額紀錄。

圖3-3 ▲ 「Stair-Rover八輪滑板」募資頁面

❸ 臺灣第一個好事眾籌平臺：「Red Turtle」（紅龜）

臺灣除了兩大知名眾籌平臺，更多的眾籌平臺的運營模式是以公益性質為主。例如：「Red Turtle」（紅龜）是臺灣第一個以公益集資為主的眾籌平臺。

　　2014年，臺灣一系列的社會運動，激起了臺灣上班族自費創立了公益眾籌網站「Red Turtle」（紅龜），召集大家一起改變社會。此眾籌平臺上的眾籌案主要專注於「兒童教育」、「弱勢關懷」、「動物保育」、「環境保護」四大領域，用「槓桿原則」讓有志於公益事業的人更容易找到人力或者完成集資目標。

　　「Red Turtle」的定位是以人為本，借助網路的力量，讓全社會都看到那些需要被關注的人、事、物。在「Red Turtle」上線的第一周，就有3個公益專案達成集資目標，成功率為106%。其中，一個名為「卑南勇士，桌球巨夢」的眾籌案，僅僅用了4天時間就完成了160,000元的集資目標，成功地幫助脊髓受到損傷的卑南勇士陳富貴籌集到運動器材和培訓的費用。

　　Red Turtle的發起人林群洲表示，Red Turtle的經營績效看的是社會貢獻度。後期會一直保持這個平臺的公益色彩，對於公益眾籌的提案，不收取任何手續費，並且堅持「專款專用」，募集到的資金會全數用到專案專案上，不會被用在平臺營運或者人事成本的花費上。

圖3-4 ▲ 「卑南勇士，桌球巨夢」募資頁面

　　臺灣第一個好事眾籌平臺「Red Turtle」，標榜「不做商品，只做好事！」公益眾籌平臺「Red Turtle」認為，「Red Turtle」只是扮演配角，而主角則是每一個公益眾籌提案的「發起人」，這些發起人就像是臺灣民間故事的義賊廖添丁一樣地行俠仗義，發現社會上需要被幫助的人事物。而廖添丁有一個出生入死的結拜兄弟，就叫做「紅龜」。「廖添丁」

與「紅龜」的組合，創造出臺灣民間的佳話，「Red Turtle」就此命名而來。

「Red Turtle」希望吸引長期關注且想在公益領域貢獻力量的人，更重要的是，提案人或贊助人也將有相同理念的親朋好友都拉進來一起做好事。這也是「Red Turtle」與其他眾籌平臺唯一不同的主要差異點。因為個人力量很有限，就像偏遠小學募集午餐的案例，透過網路迅速集結群眾的力量，才是能最快幫助到人的最棒方式。

2014年底，臺灣行政院決定以興利的角度，全面推動虛擬世界發展法規調適方案，由金管會研議，除了「創櫃（創意櫃檯）板」以外，開放民間群眾募資平臺的發展，透過網路平臺，由民間直接向社會大眾募集小額資金，幫助小型網路公司或新創公司創業。

金管會研議股權式眾籌。股權式眾籌是投資型的金融工具，募資人可在網路上提出創意或產品設計方案，專案籌資完成後，提案發起人以股份或紅利的方式回饋投資人。

「創櫃板」其實就是一種股權模式的募資平臺，一般創櫃板會選擇那些規模較大、體系發展比較好的中小企業或新創事業輔導。但是有些公司很小，希望臺灣也能夠建立「Kickstarter」這樣的群眾募資平臺，直接在網路上向公眾進行小額募資。

④ 臺灣股權眾籌平臺辦法

目前，臺灣的股權眾籌平臺辦法為：

（1）股權群募平臺：資本額5,000萬元、準備金1,000萬元，才能向櫃買中心申請。

（2）提案公司：必須為3,000萬元以下，募資最高上限不可超過1,500萬元。

（3）一般贊助人：具有3,000萬元以上資本無限制；若資本為3,000萬元以上，單一平臺不可贊助超過100,000元。

⑤ 臺灣2016年新頒訂之公司法

臺灣於2016年新頒定之公司法，增定閉鎖性公司專章，創業者可以技術、勞務、信用及其他任何無形資產為股本成立公司。例如，阿基師可以拿一道名菜，李安可以拿一部電影當作股本，就能與他人（例如創投）合開公司。

大陸目前正在拍的電影有兩百部，其中超過一百八十部依靠眾籌拍的，所以任何一個有理想的小導演、小編劇都可以拍一部電影，因為他可以上網去眾籌，編劇或導演寫企劃書洋洋灑灑，成功率非常高。所以李安、魏德聖當年拍片很苦，如果當初有眾籌的話，魏德聖的賽德克巴萊早就拍成了，他後來是花了好幾年的時間去尋找資金，費盡千辛萬苦才籌資成功。

臺灣政府將大力扶植微形青創公司，使公司股權的安排更有彈性，籌資管道也更為多元化。此外，今後股東會的形式也允許以視訊會議或書面資料發放取代實體股東會。也就是所有的事情你都可以在電腦前完成。

在臺灣，像捐贈式眾籌、回報式眾籌等民間平臺已在運行。例如，臺灣青年葛如鈞透過網路眾籌成功集資到美國太空總署（NASA）所創辦的奇點大學求學，就是經典案例。

圖3-5 ▲ 葛如鈞「百萬學費大挑戰」募資頁面

　　臺灣眾籌平臺的大致運作方式是：有點子但是缺乏資金者，在眾籌平臺上將自己的提案計畫以文案、短片等形式在網路上公布，邀請公眾以網路支付工具集資，到達提案目標金額之後，提案發起人向贊助人贈送約定的小禮物。眾籌平臺則收取8%到10%的手續費。

　　2014年，由臺灣漫畫大師蔡志忠在「眾籌網」發起的「蔡志忠大師在『國學匯』等您」提案，計畫籌資100,000元（人民幣），截止到12月份，共籌集資金超過315,018元，專案進程超過300%。該項目是文化、資本、公益的三方聯誼，對於發展文化產業、弘揚傳統文化有著很好的推動作用。

圖3-6 ▲ 「蔡志忠大師在『國學匯』等您」募資頁面

　　臺灣的眾籌市場還不是很成熟，同時也受限於政府法律層面的未完善。2015年8月，臺灣「明基友達基金會」推出「你下載，我捐錢」活動，透過與App合作開拓眾籌捐助，推動「互聯網＋公益」計畫的進行。

　　在這次活動中，公眾透過手機下載App，向明基友達公益基金會捐贈0.5元，用以支持「中途之家」脊髓受傷患者的康復計畫。透過眾籌融資的方式，「中途之家」專案的部分受助者已經開始自主創業。

　　隨著市場的成熟和相關法律法規的完善，其他領域的眾籌平臺也將快速發展，尤其是與商業營運密切相關的股權式眾籌，在政府的參與和支持下，將會發展地更快。

3-5 國外眾籌經典成功案例

　　在眾籌發展較早的歐美國家，已經有許多領域的專案眾籌成功，其中，以美國最大的眾籌平臺「Kickstarter」上眾籌成功的專案居多，在此列舉一些非常經典、知名、曾經引起業界轟動的眾籌專案給讀者朋友們參考。

❶ 融資最多：Pebble E-Paper智慧手錶

　　「Pebble E-Paper智慧手錶」是在「Kickstarter」眾籌平臺上融資最多的一個專案。「Pebble智慧手錶」的目標眾籌金額是100,000美元，但是，在短短28小時之內，就融到資金1,000,000美元，最終募集到的資金為10,266,845美元，共有57,000多人參加了這個專案的融資。

　　「Pebble E-Paper智慧手錶」的專案發起人團隊曾經為黑莓團隊設計過「inPulse智慧手錶」，也就是「Pebble E-Paper智慧手錶」的前身。此次產品在功能上進一步升級，用戶透過藍芽能將Pebble與iPhone或安卓手機進行連接，就可以在「Pebble E-Paper智慧手錶」接收到文本訊息和手機來電提醒。

　　「Pebble智慧手錶」眾籌提案是在「Kickstarter」平臺上以售賣產品的方式進行眾籌，眾籌開始前，專案發起人設計了詳細的眾籌方案，設置了多個投資金額與回報方案。所有參加「Pebble智慧手錶」眾籌案的投資人都得到了「Pebble智慧手錶」。其中，最早的200美元智能手錶是限量的，當時售價只有99美元。

　　「Pebble智慧手錶」以前期預售產品的方式進行眾籌，對於每個投資人來說，沒有投入太多的資金，不需要承擔很大的風險，所以，參與贊助的人數眾多，融資金額也遠遠超出了預期。這樣的模式在眾籌領域中，是非常典型的模式，也是很多眾籌專案會運用的模式。

Pebble: E-Paper Watch for iPhone and Android

Pebble is a customizable watch.
Download new watchfaces, use
sports and fitness apps, get
notifications from your phone.

Created by
Pebble Technology

68,929 **backers** pledged $10,266,845 to help
bring this project to life.

圖3-7 ▲ 「Pebble E-Paper智慧手錶」募資頁面

② 24小時融資神話：OUYA遊戲機

「OUYA」是在「Kickstarter」眾籌平臺上一時轟動的提案。「OUYA遊戲機」以賣產品的方式進行眾籌，眾籌預訂的目標金額是950,000美元，但是，該遊戲機的粉絲們非常熱情，在眾籌活動開始的短短24小時之內就達到了預訂的金額門檻，在之後的一個月時間內，共募集到的資金將近8,596,474美元，共有63,416位投資人參與到這款產品的贊助當中，創造出一個眾籌融資的神話。

「OUYA遊戲機」的售價是99美元，大部分贊助人透過提供99元至150美元的支援資金，獲得了一台第一代OUYA主機。

「OUYA遊戲機」是一款基於安卓系統的遊戲機，它的外型酷似一個電視機上盒，體積不大，但是功能強大，是網路遊戲領域內具有指標型意義的眾籌案，以研發和預訂相結合的方式，對產品進行行銷，在產品尚未正式上線之前，就已經具有很高的知名度，是一次非常成功的眾籌案例。

圖3-8 ▲ 「OUYA遊戲機」募資頁面

3 為藝術而眾籌：阿曼達‧帕摩爾的唱片眾籌

　　阿曼達‧帕摩爾（Amanda Palmer）的唱片眾籌案，提案發起人阿曼達是一名獨立音樂人。在該眾籌案發起之前，阿曼達和她的樂團已經出過一張專輯，並在短短幾周內賣出了2,500張，但是，阿曼達認為這是一張失敗的作品，她想透過眾籌的方式，做一張成功的專輯。

　　專案前期預訂的融資金額是100,000美元，阿曼達希望用募集到的資金發行她的專輯、出版相關的藝術書籍，以及實現樂團的巡演。令阿曼達沒有想到的是，100,000美元的募資門檻，竟然在一天之內就達成了。該眾籌案最終的資金達到了1,192,793美元，成為了當時音樂領域募集金額最高的專案。

　　阿曼達‧帕摩爾（Amanda Palmer）的唱片眾籌案，共得到了24,883位投資人的支持，阿曼達對眾籌能夠成功非常高興，認為該眾籌案的成功，會成為未來音樂行業發展的趨勢。

　　從阿曼達‧帕摩爾（Amanda Palmer）的唱片眾籌專案的成功，與她前期與粉絲們的互動是分不開的。阿曼達和她的樂團在美國的各個城市都舉辦粉絲聚會，粉絲們可以和樂團一起進後臺，樂團還可以去粉絲家裡舉辦派對，一起聊音樂、吃晚餐，粉絲們可以和樂團一起拍寫真集等等。

　　在眾籌案發起的當天，阿曼達還舉辦了一個「大神級的粉絲互動會」，在「Kickstarter」的贊助人的晚間聚會結束之後，阿曼達將衣服脫掉，讓每一位支持者在她身上畫畫，以贏得支持者們的信任與表示感謝。

　　阿曼達的專案眾籌成功，在音樂業界引起了不小轟動，她的專案最終超出預期若干倍的高融資金額，給了眾多獨立音樂人極大的信心，她的「大神級的粉絲互動會」自我行銷方式，在眾多的獨立音樂人中，也具有借鑒意義。

圖3-9 ▲ 「Amanda Palmer」唱片募資頁面

④ 破紀錄的電影眾籌專案：Veronica Mars

　　「Veronica Mars」（美眉校探）是一個完全由粉絲眾籌而拍成的電影。「Veronica Mars」的眾籌案發起人克莉絲汀·貝爾（Kristen Bell）是一位年輕的美國女演員，擁有大批的忠實粉絲。而眾籌案的另一發起人羅伯·湯瑪斯則是電視劇「Veronica Mars」的製片人。

　　電視劇「Veronica Mars」在播放到第三季的時候，因故停播。二人因此發起「Veronica Mars」電影專案，希望透過眾籌方式，融資拍攝一部與電視劇「Veronica Mars」的電影版。

　　專案預訂的目標金額是2,000,000美元，而實際的融資金額達到

了5,702,153美元,支持者人數達到91,585名。該項目30天就完成了2,000,000美元的融資金額,成為「Kickstarter」平臺上最快達到融資目標的專案,也是「Kickstarter」上支持人數最多的眾籌案,打破了「Kickstarter」眾籌平臺上個人融資的最高紀錄。

對於克莉絲汀‧貝爾來說,這次電影眾籌案的成功,不只在於她成功說服了她的忠實粉絲們幫助她眾籌成功,而且,透過電影「Veronica Mars」, 克莉絲汀‧貝爾迅速走紅。她的形象就如她扮演的角色一樣,不僅深入大眾之中,還使她獲頒了眾多獎項。

更有意思的是,此次電影專案的眾籌成功,還引發了「Kickstarter」眾籌平臺對於名人效應的一次現場討論,美國導演柴克‧布瑞夫Zach Braff也緊隨其後,眾籌拍攝了一部電影。

圖3-10 ▲ 「Veronica Mars」電影募資頁面

⑤ 音樂眾籌:Pono播放機

「Pono播放機」的眾籌案發起人尼爾‧楊(Neil Young),他是一位搖滾歌手、也是導演、編劇。尼爾‧楊發起這個專案的初衷是想製作出一台顛覆MP3的音樂播放機,將高品質的音樂呈獻給聽眾,拉近聽眾和音樂之間的距離。同時,尼爾‧楊還想要為「Pono播放機」打造一個專屬於Pono的高品質音樂庫,來滿足人們對高品質音樂的需求。

　　該專案預訂的目標融資金額是800,000美元，實際金額達到了5,514,779美元，遠遠超過了預期目標。專案發起人僅僅用了35天的時間，就讓16,253名贊助人投資此一專案。

　　該專案的成功之處同時在於，專案發起人充分引出了聽眾的參與感和所感受的意義，讓每一個贊助人都能感覺到自己能夠改變人們對音樂的看法，覺得自己做的事情非常的有意義。在眾籌案的進行期間，發起人透過更新主頁，讓粉絲充分參與，與粉絲們進行完全的互動。

　　在行銷方面，專案發起人還與大牌藝人聯手，例如：金屬製品（Metallica）、賀比‧漢考克（Herbie Hancock）、艾爾頓‧強（Elton John）、派蒂‧史密斯（Patti Smith）、湯姆‧佩蒂（Tom Petty）等製作簽名版的播放機，這些更推升了播放機專案的眾籌成功機率。

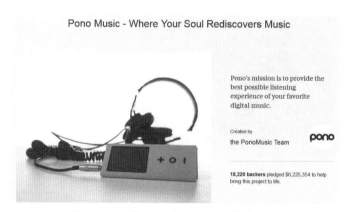

圖3-11 ▲ 「Pono播放機」募資頁面

⑥ 其他領域的眾籌專案

　　除了一些引起轟動的專案之外，在北美、歐洲，包括南美地區，眾籌涉及的領域越來越廣，例如：科技、藝術、出版、攝影等等，很多專案不僅達到募資門檻，而且還遠遠超過了所預計的募資金額，並且，贊助人的人數也遠遠超過預期。以下，我們再列舉一些相當有人氣的眾籌提案：

（1）科技眾籌：Form 1 3D印表機

「Form 1」是「Kickstarter」眾籌平臺上首款針對實驗室、學校、以及設計師等專業人員設計的高解析度3D印表機，Form 1致力於為3D印表機的專業使用者提供可以更加細緻作業的立體原型和模型製作機器，而不是只針對那些一時興起的3D列印愛好者。

「Form 1」3D印表機預訂的目標融資額度是100,000美元，而實際融資額達到了2,945,885美元，達到了預訂目標的將近300%。「Form 1」3D印表機售價僅為3,299美元，是一般贊助者真正「買得起」的3D印表機。

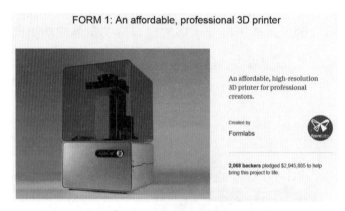

圖3-12 ▲ 「Form 1 3D印表機」募資頁面

（2）出版眾籌——Planet Money T恤

「Planet Money」的T恤眾籌專案是由美國國家公共電臺（NPR）和美國生活（This American Life）廣播節目所合作發起的一個出版類向眾籌專案。這是一種新穎另類的眾籌模式，專案發起人從一開始就設計了一款超酷的T恤，並打造出一個T恤之旅。每個支持者都有得到特製T恤的機會，並同時幫助發起人完成某些調查性的報告。該專案的預訂融資金額是50,000美元，實際融資額度達到了590,807美元，共得到20,242位贊助人的支持。

Planet Money T-shirt

We are a team of multimedia
reporters covering the global
economy. We are going to make a
t-shirt and tell the story of its
creation.

Created by
Planet Money

20,242 backers pledged $590,807 to help
bring this project to life.

圖3-13 ▲「Planet MoneyT恤」募資頁面

（3）攝影眾籌: ARKYD太空望遠鏡

「ARKYD太空望遠鏡」是一款可以由用戶自行控制並拍攝太空照片的太空望遠鏡，該專案的發起人稱，「ARKYD太空望遠鏡」是世界上「首個能為大眾所用的太空望遠鏡」，該專案的贊助人除了能得到一個能顯示照片的車載螢幕之外，還能得到一張太空照片，這一點非常受到贊助人們的喜愛，因為此專案太受歡迎，ARKYD團隊不得不將回饋支持者的日期延長。

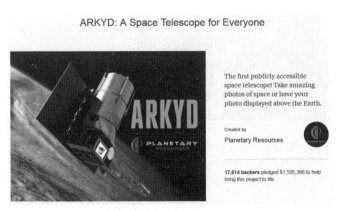

ARKYD: A Space Telescope for Everyone

The first publicly accessible
space telescope! Take amazing
photos of space or have your
photo displayed above the Earth.

Created by
Planetary Resources

17,614 backers pledged $1,505,366 to help
bring this project to life.

圖3-14 ▲「ARKYD太空望遠鏡」募資頁面

該專案前期預訂的目標融資金額是1百萬美元，實際融資金額是1,505,366美元。因為這樣的專案大受歡迎，ARKYD團隊還開發了於此相關的其他ARKYD產品一個測試用太空船「A3」的眾籌提案。

（4）漫畫眾籌：The Order of the Stick再版專案

「The Order of the Stick」是一部非常受歡迎的美國喜劇漫畫作品，收服了一大批死忠粉絲的心。2012年，「The Order of the Stick」系列漫畫的印刷因故停止，但是創作者Rich Burlew不甘心就此退出市場，決定透過「Kickstarter」眾籌平臺重新啟動此一眾籌提案，將該漫畫系列重新出版。

「The Order of the Stick」漫畫專案預訂的目標融資額只有57,750美元，但是，當啟動眾籌提案之後，粉絲們的熱情大大超出了預期，最終融資金額竟然達到了1,254,120美元。眾籌大獲成功，漫畫創作者里奇（Rich Burlew）全力兌現當初對贊助人們的承諾，對不同案型的支持者，都給予他的漫畫作為回報。

圖3-15 ▲ 「The Order of the Stick」」漫畫出版募資頁面

（5）劇院眾籌：營救即將消失的古董級Catlow 劇院

「Catlow劇院」是位於美國伊利諾州巴靈頓的一家古老的劇院，在

美國的歷史上擁有非常高的歷史地位，但是，票價卻非常低廉。因為年代久遠，劇院的設備已無法跟上時代的發展，無法讓觀眾的感官得到滿足。「Catlow劇院」希望透過眾籌的方式，募集到100,000美元的資金，以對劇院進行重新翻修，增加一個可以播放電影的數位化投影機與一個寬螢幕，以便能播放新的電影。

　　該專案的目標融資金額是100,000美元，實際融資金額是175,395美元。超過了募資金額門檻，如此，「Catlow劇院」不旦可以增加投影系統和螢幕，還能運用募集到的額外資金對劇院新增了供暖設備。

Rescue The Historic Catlow Theater From Extinction

Hollywood studios could force a
historic Chicagoland movie
theater to close! Movie lovers
can help save The Catlow.

Created by
Tim O'Connor

1,394 backers pledged $175,395 to help bring
this project to life.

圖3-16 ▲ 「Catlow劇院」翻修募資頁面

CROWDFUNDING
Dreams Come True

領 域

運用眾籌的各種類向

隨著眾籌平臺的不斷衍生與進化，在最基本的四種眾籌模式基礎上，「眾籌」朝向多種類向發展，出現更多群眾沒有看過、甚至想像不到的全新提案。例如：農業、科技、藝術、出版、影視、旅遊、甚至房地產業，幾乎遍及了各行各業。

科技眾籌：科技人的一小步，是世界的一大步

自古以來，科技進步推動著社會發展，每一次科學浪潮過後，人類的發展都有具體的前進。政府鼓勵創新，但能確實拿到國家所提供輔助的科技專案少之又少，對許多創新意識很強的「草根」來說，想透過自己的雙手和想法優勢開始企劃創業，如果沒錢、沒管道，再好的企劃案都只能放在家裡暗自欣賞。然而眾籌的出現讓一切出現了轉機。

眾籌平臺不僅可以讓專注於科學技術的提案發起人籌集到啟動資金，還能在平臺上為提案宣傳。不誇張地說，如果一些特別有潛力的科技專案能眾籌成功，這不僅對科技創意者是一種極大的鼓舞，還可能對整個產業與發展都發揮強大的推動作用，就像愛迪生發明了電燈，瓦特發明了蒸汽機，一項小發明都有可能改變世界，讓全世界進入一個嶄新的時代，這就是科技的力量。

在眾籌平臺的所有提案當中，科技類別占了很大的比重，許多眾籌平臺都以「鼓勵支持創新，幫助創業者圓夢」來吸引科技類創業者的目光。當科技遇上眾籌，將引爆新一波的科技浪潮。未來，能推動科技發展的人將不再只是像蘋果、三星這樣的大公司和大的技術研究機構，小創客也能透過眾籌的幫助真正融入到科技創新當中。

「眾籌網」是目前中國國內最具影響力的眾籌平臺，其宗旨就是為平臺上每一位提案發起人提供「集資」、「孵化」、「營運」等一站式服務。

一直以來，科技眾籌都是「眾籌網」重點關注的類向，許多科技眾籌提案在平臺上都成功達成募資門檻。例如：映趣科技的inWatch Z智慧腕表、MY WAY電動滑板車、智能無線門禁廣告、檸檬時代團隊發起的高校APP、青銅

器團隊發起的商用3D印表機等等，這些提案均以很快的速度超額完成了眾籌目標。「眾籌網」正式營運以來，已成功上線近100個優秀的科技眾籌提案，籌資總額超過300萬元（人民幣）。

「點名時間」是中國第一個發起和支援創意提案的眾籌平臺，在2013年轉為專門為智慧硬體提供服務之後，「點名時間」科技類提案的成功率至今達到了80%，每個提案平均能夠籌得40,000元（人民幣），最高籌資金額的提案更是到達了1,700,000元（人民幣）。

除了「眾籌網」與「點名時間」，「淘寶眾籌」也將目光重點放在了科技眾籌類向，其免費模式直白地向科技工作者發出了邀請，為眾多創新產品進入阿里巴巴的大門做好了準備。

2014年「淘寶眾籌」裡的科技提案比重約25%，籌資金額占了整個平臺的90%。截至2016年，「淘寶眾籌」一共收到了13,000多個提案申請，篩選之後上線1,157個提案，其中有60%以上的提案是創業者、創客所設計。此一數字足以說明科技眾籌在阿里巴巴的重要性。

未來，「淘寶眾籌」還會將重點放在扶持科技類向、設計類向的創新提案上。這表示科技眾籌的提案發起人實現了從「產品創意」到「市場化」的自然過渡，將創業理念變成實際產品已成為許多眾籌平臺的服務宗旨。

科技正在改變人們的生活，推動著社會的進步，未來的科技眾籌將有更大的發展空間。據世界銀行預測，到2025年全球的眾籌市場規模將達到3,000億美元，其中，中國將達到500億美元，而科技眾籌作為重要板塊，其發展潛力不可估量。對於科技眾籌提案發起人來說，眾籌平臺不僅能為他們提供籌資環境，還能幫助他們完善產品，開拓銷售管道，目前，已有越來越多的草根創客將眾籌當成實現夢想的第一站。

隨著眾籌的不斷發展，越來越多公司希望將自己的創新產品透過平臺展示給大眾。在眾籌平臺上，科技產品通常不是吸金力最強的，但經常是最引人注目的一個，一些好的創意和點子透過眾籌平臺與大眾零距離接

觸，掀開了科技產品之上的神秘面紗。人們逐漸發現，科技與一般群眾的距離竟然可以如此近，並且能為己所用。

2012年，由Oculus公司設計的一款名為「Oculus Rift」的頭盔在「Kickstarter」正式上線，這款頭盔是專門為遊戲玩家所設計，「Oculus Rift」將電腦3D遊戲帶入一個新境界，當玩家戴上頭盔，將會進入一個從未體驗過的遊戲空間。在這款高科技產品正式眾籌之前，許多投資人並不看好，原因是按照以往市場經驗，消費者很難接受這類技術難度過高的前衛科技產品。

其實早在「Oculus Rift」之前，類似的產品就在市場上出現過，但價格非常昂貴，平均價格約在20,000美元左右，並且主要用於科學研究和軍事訓練。多數人認為，將如此昂貴的高科技化產品運用到遊戲當中是不實際的。

然而，「Oculus Rift」低廉的價格出乎所有人的意料，「Oculus Rift」將研發成本降到最低，但絕對不影響玩家的舒適度與遊戲體驗。經過1個月的眾籌，該提案獲得了9,522名贊助人的支持，總金額為2,437,429美元，順利進入開發與生產階段。「Oculus Rift」成功在電腦遊戲領域開拓了一個新的境界。

圖4-1 ▲ 「Oculus Rift」遊戲頭盔募資頁面

科技眾籌的核心是什麼？籌人、籌智、籌資、籌管道、籌未來！未來的科技將不再猶抱琵琶半遮面，一個好的科技創意就會在我們的眼前直接

發生改變,從idea到實品,並能大大推動社會發展。

　　放眼望去,各大眾籌平臺上的科技眾籌提案百花齊放,其中不乏具創意與遠見的優秀專案。對許多草根創客來說,眾籌平臺已成為他們通向夢想的康莊大道,至於自己能否在這條大道上有所斬獲,就得看他們的提案內容與包裝行銷是否能夠收服人心了。

　　對一個創客來說,一個科技眾籌提案的成功只能算邁出了一小步,但這個創意對全世界來說,卻是邁出了很大的一步。

4-2 公益眾籌：聚沙成塔，快樂因你而生

公益眾籌是指公益機構、組織或個人在眾籌平臺發起的公益籌款提案，資助人對提案進行資金支援。眾籌是實現夢想的舞臺，公益是點燃愛心的火把，當眾籌與公益邂逅，不再有任何功利色彩，一切都是為了愛。

公益眾籌和傳統募款有兩點不同：一、眾籌的目標金額若未在截止前達到所設定門檻，通常會透過眾籌平臺的金流系統，將已募得的資金全數退回給贊助人，此眾籌案就算是失敗。二、專門經營眾籌的網站，通常是眾籌的集散地。因此，提案發起人多是在這些平臺上直接建立眾籌提案，而不是在各自的網站上向網友募款。三、眾籌案有個慣例，例如回報式眾籌就是多數的贊助人可以獲得回報，或者也可以選擇不收取任何禮物。

在中國，公益眾籌還處在起步階段，透過公益眾籌獲得的善款金額約占網路捐贈總額的1%。據2015年發布的《中國公益眾籌研究報告》顯示：從籌款的金額來說，公益眾籌成功提案共有262例，籌得善款9,690,000萬元（人民幣）。同時，2015年發布的《中國網路捐贈報告》顯示，全國的網路捐贈超過了6.3億元，這個比例僅占整個網路捐贈的1.34%。顯然地，如何讓公益在眾籌平臺上彙聚更多的人力和財力，還需要更多的探索和實踐。

2014年12月，「蘇寧易購」上線公益頻道，借助電子商務平臺做公益。2015年4月，「蘇寧」上線眾籌平臺，專門設置了公益頻道，推出了扶貧、救助、助學等一系列公益專案。一般眾籌平臺只負責將提案發起人與贊助人連結在一起，不會親自參與到眾籌案當中，但「蘇寧」眾籌公益頻道不僅要做協力廠商眾籌平臺，還會與雙方一起承擔社會責任。

　　2015年4月25日，尼泊爾發生8.1級地震，導致重大人員傷亡，災區群眾家園被毀，流離失所。地震發生後，「蘇寧」在第一時間聯合中國扶貧基金會發起「我們和你在一起——尼泊爾及西藏災區人道救援」的眾籌提案，在這個專案中，「蘇寧」承諾1：1認捐，最終網友認籌528,909元，專案籌集善款總額達到了1,057,818元。

　　為了讓上線的公益提案更透明，在上線之前，「蘇寧」會對專案發起人的背景、提案目標、執行計畫、回報等內容進行審查，確保提案真實性。贊助人可在公益提案下選擇自己感興趣的提案進行贊助，「蘇寧」會及時告知支持者專案進度，以確保提案的公開透明。

圖4-2 ▲ 「尼泊爾及西藏災區人道救援」募資頁面

　　雖然公益眾籌也屬於眾籌的一種，但其與商業眾籌有著本質上的區別。

　　商業眾籌是為了滿足個體的籌資需求，贊助人會在眾籌成功之後獲得一定的回報，而公益眾籌則是為了幫助社會弱勢群體，解決社會問題，贊助人不一定會得到實質上的物質或資金回報，基本上屬於捐贈行為。

　　目前，公益眾籌的管道有兩種：一種是透過綜合類眾籌平臺發起專案，如：「flyingV」、「眾籌網」、「追夢網」等，另一種是透過專業的公益眾籌平臺發起專案，如：「紅龜」（Red Turtle）、「創意鼓」、

「積善之家」、「新公益」、「NPOChannel」等,「NPOChannel」約有10多家政府登記有案的公益團體在平臺上發起募資。

眾籌的發展時間並非很久,再加上公益眾籌需要對公益流程有著詳盡的瞭解,因此需要做好完善的準備才能提升眾籌成功的機率。「幫助人」聽上去很打動人心,但並不是只要將公益提案放到平臺上,就可以準備躺著收錢。眾籌提案的成功與否還要取決於提案人的營運能力、跨界整合能力、行銷包裝提案的能力。

2015年1月,深圳的愛心人士莊先生在參觀了廣東省揭陽市惠來縣覽表村的圖書館之後,發現這個圖書館特別簡陋,藏書不多,於是他便萌生了資助的想法。於是,他在網路上發起了眾籌案。莊先生設置的籌資目標門檻為100,000元(人民幣),贊助人的出資選項從30元到10,000元不等,莊先生並拿出公司的16,400包系列堅果產品回報給贊助人。

為了能吸引更多的贊助,莊先生煞費苦心,不但圖文並茂地介紹了圖書館的情況,還出具了自己公司產品的檢驗報告和得獎紀錄。然而,提案進展的並不順利,截至到2015年3月3日,只有32位支持者,累計資金3,289元,與原定100,000元的籌資目標門檻還有很大差距。

無獨有偶,一個名為「一元眾籌,拯救民間剪紙藝術」的眾籌提案也不盡如人意。為了吸引投資人的眼光,「螞蟻眾籌平臺」還準備了10台iphone6、30台ipad air、100個充電寶以及500個佛山精美剪紙用於活動結束後的抽獎。然而,直到眾籌提案結束時,該專案也未籌資成功,支持人數只有751人,籌資1,189元(人民幣),離專案84,000元的目標相距甚遠。

公益眾籌雖是公益性的活動,不是商業眾籌,但卻需要商業性的營運思維。公益眾籌的目標對象往往是對網路較為熟悉的年輕人,如果眾籌提案還在走傳統的悲情化路線,往往不能得到很好的效果。反之,提案發起人應該在提案設計上以新穎的方式吸引公眾的目光,這樣做的效果一般相

對來說會好得多。

此外，眾籌平臺只是公益眾籌的一種工具，眾籌案能否成功，還得看公益團隊的運作是否能跟得上，這就需要提案人持續去做雙方的支撐和推廣。

從目前來看，雖然公益眾籌的發展並不特別突出，但其優勢仍不容小覷。其一，眾籌平臺的低門檻讓很多心懷公益夢想的年輕人找到了實現夢想的舞臺，客觀上增強了社會的公益力量。其二，公益眾籌的透明度較高，可以有效地推動公益事業的延展性。

總之，「理想很豐滿，現實很骨感」。公益眾籌的發展之路還需要公益發起人、眾籌平臺與贊助人的共同挺進，當然，最重要的是擴大廣大群眾的積極參與度。一個人的力量很有限，但千萬人的力量就可以聚沙成塔，解決一定的社會問題。如果說眾籌平臺是一個溫床，那麼由提案發起人所播下的愛心種子，經過贊助人不斷地給予陽光照耀，那些需要關愛和扶持的弱勢群體，就能早日感受到社會溫暖。在這條公益路上，社會不分你我，任重而道遠。

4-3 出版眾籌：集眾人之力，孕育文化力量

如今，互聯網思維已經席捲了生活的每一個角落，許多看起來「具備專業」的事物與我們的距離卻是越來越近，例如「出版」這檔事。

隨著網路世代的崛起，看書的讀者越來越少，在大環境的不景氣之下，買書的人越來越少，因而出版行業呈現出了不斷追求Cost Down的景象，這種景象的背後則是危機重重——惡性競爭、跟風書、盜版書……此一系列問題都正困擾著出版市場的健康發展。

有人曾戲稱出版業為「最窮的壟斷行業」，圖書出版業對年輕人不再有吸引力，留不住菁英人才，很大一部分原因是由於傳統出版的工資與待遇都不盡如人意，無法留住人才。再加上網路的普及化，已給傳統出版業帶來了不小的衝擊。這一系列的問題預示著出版業已置身在一個巨大變革的時代洪流之中，例如「互聯網思維」已經以迅雷不及掩耳之勢蔓延到出版行業。

在過去，有很多好的圖書囿於出版經費、人脈關係等客觀因素而無法出版，但在互聯網的幫助之下，這個問題便能迎刃而解。在互聯網時代，出版不是一個人或幾個人的事情，而是讓更多的人參與到專案裡來，過去看來是複雜、專業的出版行業，在眾人的參與之下變得快捷簡單了，而傳統出版業在互聯網的舞臺上又找到了新的玩法，也就是「出版眾籌」。

「社區沉澱下來了大量互聯網行業資深人士在這個平臺上所分享的：關於創業的答疑解惑，如果將這些菁華集結成書並分享出去，大有價值。」知乎網媒體合作總監成遠在談到為什麼要出版《創業時，我們在知乎聊什麼》一書時如是說道。只不過，這一次該書的出版沒有走傳統管道，而是選擇了眾籌平臺。（知

乎：一個真實的網路問答社區，連接各行各業的菁英。用戶分享著彼此的專業知識、經驗和見解，為中文互聯網源源不斷地提供高品質的資訊。）

「知乎」的眾籌目標是募集1,000位聯合出版人，每位聯合出版人贊助99元（人民幣），合計眾籌99,000千元。作為回報，這些「聯合出版人」將獲得典藏版《創業時，我們在知乎聊什麼》一本，贊助人的姓名將被印在屬於自己的典藏版《創業時，我們在知乎聊什麼》封面上。

在這次出版眾籌的過程中，「知乎」作為內容方，「中信出版社」作為出版方，「美團網」則作為眾籌支持平臺。這是「知乎」首次發起與「中信出版社」進行實體圖書出版的嘗試，也是出版行業罕見的以眾籌方式進行出版。

讓成遠有些意外的是，這樣大膽的嘗試竟然獲得了意想不到的效果：眾籌案上線僅僅10分鐘，就達成了提案目標，共有1,000人參與了此次出版眾籌。除了籌集資金之外，對於出版眾籌這種方式所帶來的好處，「中信出版社」負責《創業時，我們在知乎聊什麼》的出版人李穆表示：「眾籌出版是一種讓讀者選擇、分類特別強的方式，這讓出版社很清楚地知道這本書的受眾群在哪裡。」

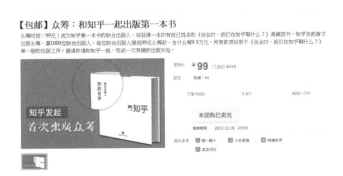

圖4-3 ▲ 「眾籌：和知乎一起出版第一本書」募資頁面

在傳統出版領域，一本書的出版有著複雜的流程——作者將完稿交給出版社，出版社完成編輯、排版、校對、打樣、印製、裝訂之後交給通路和零售商、電子商務，最後到達讀者手中。我們不難發現，在這個流程中，作為主體的作者與讀者隔了很遠。在市場經濟的條件下，任何商業行

為都必須充分尊重消費者的消費需求，而傳統出版無形中阻隔了與消費者的交流管道，出版方、作者、讀者之間的聯繫並不緊密，缺乏與讀者的有效互動。

與傳統出版相比，眾籌出版在這方面有著得天獨厚的優勢。眾籌可以縮短出版方、作者與讀者之間的距離，產生直接互動，滿足多數讀者的需求。在眾籌當中，出版方可以根據支持者的反應預測此眾籌提案是否足夠吸引人，並找到潛在的消費目標。

此外，眾籌出版能達到提前對圖書進行宣傳推廣的效果，讀者的參與增加了圖書的附加價值。以往，如果一本出版商不看好的書籍，很難見到天日，但在眾籌平臺上，「粉絲」的力量卻有可能拯救一本潛在的優秀出版物，畢竟，最後買單的是消費者，不是出版方。眾籌出版方式為出版業帶來了新的機遇。

以「眾籌網」為例，截至2015年9月，出版眾籌類向共上線提案406個，仍在眾籌中的專案為76個，已成功提案者為330個，加之由於眾籌期限未到，但眾籌進度已經超過100%的11個被列在「眾籌中」的提案，「眾籌網」出版類向的成功率達到84%。從這些數字中我們可以看出，雖然出版眾籌在中國的發展時間還不是很長，但卻有著廣闊的發展空間。

出版眾籌的出現給傳統出版業帶來了新的生機，但並不是所有的圖書類向都適合眾籌，也不是所有的提案都能眾籌成功。

「眾籌網」出版合夥人路佳瑄認為，眾籌在未來發展的障礙主要有兩方面，一是部分專案創意不足，沒有具有能打動人的眾籌文案或增值回報；二是傳統出版機構雖然對出版眾籌躍躍欲試，但大部分仍沒有做好真正的準備。「例如一個專案成功之後，可能有300名、500名或者1,000多名支持者，要如何維護這些支持者，使其成為真正的粉絲，而不是僅有一次購買行為的購買者，在這方面還有很長的路要走。」路佳瑄如此說。

在互聯網時代，沒有夕陽產業，只有夕陽模式。雖然傳統出版行業的結構並沒有發生根本性的變化，但是傳統出版格局正在互聯網的衝擊下產

生微妙的變化。無論是出版眾籌還是其他新出版模式的出現，都說明出版業正在用互聯網的思維改變自己，這是一種成長。

　　毫無疑問地，傳統出版仍有著不可替代的作用，有其自身的優勢，希望在未來的發展中，傳統出版與眾籌出版能夠優勢互補，逐步優化出版流程，走出一條持續繁榮的發展之路。

　　而華文自資出版www.book4u.com.tw為全球第一家結合眾籌的自費出版平臺，任何出版提案都可以在此找到成功出版的可能！

4-4 娛樂眾籌：引發粉絲熱潮，還能曝光打廣告

在互聯網時代，眾籌的玩法越來越多，除了科技、公益、出版等傳統領域都開始進行眾籌，娛樂作為人們生活不可或缺的部分，也開始嘗試眾籌。

所謂的娛樂眾籌，是指透過互聯網方式發布娛樂籌款眾籌專案來募集資金，例如：電影眾籌、遊戲眾籌等等。2014年，「百度」和「阿里巴巴」分別推出了「百發有戲」和「娛樂寶」兩款眾籌影視理財產品，眾籌正在向娛樂打開大門。

如果你聽到身邊一位並不是特別富有的朋友說，他投資了周潤發主演的新電影，不要以為他是開玩笑，因為這是有可能的。在人們的觀念裡，能投資電影的都是一些富商巨賈，和一般老百姓扯不上任何關係，然而因為眾籌模式的出現，一般民眾也可以成為一部電影的投資人。

2014年3月，阿里巴巴推出了「娛樂寶」，投資人只要出資100元（人民幣）即可投資影視劇作品，並且還享有到劇組探班、參加明星見面會等權益。不僅如此，阿里巴巴還將投資專案直接對接國華人壽旗下的國華華瑞1號終身壽險A款，如此一來，投資人還能得到7%的預期年化收益。

於是，「娛樂寶」一經推出便受到了網友的追捧，僅僅不到一個月的時間，「娛樂寶」首期四個投資項目均已銷售完畢。

2014年4月，「娛樂寶」與「遊族影業」達成合作，共同眾籌投資拍攝電影《三體》。與以往的電影製作不同，《三體》製作的每一個環節都將由「娛樂寶」的粉絲公司參與完成，這將是中國第一個真正意義上粉絲全程參與的電影。

據統計，2014年在「娛樂寶」平臺上電影專案共12部，投資總金額高

達3.37億元，所投電影專案強力推動中國電影票房近30億元，占中國總票房10％，同時觸及粉絲2,000多萬人次。

「百度」也不甘落後，繼阿里巴巴提出「娛樂寶」之後，百度迅速推出了一款名為「百發遊戲」的金融產品。雖然「百發有戲」與「娛樂寶」在產品設計、投資專案等方面各有不同，但都屬於娛樂眾籌。

「百發有戲」首批影視理財產品《黃金時代》上線，不到2分鐘內，就有超過3,300人付款，計畫募集資金1,500萬元，最終募集超過1,800萬元。然而，《黃金時代》的票房並沒有得到預期的收入，首日票房僅1,060萬元，上映10天的票房收入也僅為4,310萬元。這個數位遠低於在此之前，百度大數據對其2億至2.3億元票房的預測。

儘管「阿里巴巴」和「百度」的娛樂眾籌之路走得並不一帆風順，但還是抵擋不住其他互聯網公司進入娛樂眾籌市場的熱情。一時之間，娛樂眾籌產品花樣百出。2015年，由黃曉明和陳喬恩主演的偶像劇《錦繡緣華麗冒險》收視奪冠之後，海蝶音樂迅速啟動了《錦繡緣‧華麗冒險》原聲大碟的眾籌提案。

面對來勢洶洶的娛樂眾籌，許多明星也來湊熱鬧。2014年年底，林青霞為自己的新書《運來運氣》進行眾籌，雖然女神青春不再，但追憶往昔的情懷還是吸引了一大批粉絲的目光。

娛樂自身的特性決定了其與其它眾籌的不同，娛樂眾籌不僅是為了籌集資金，更重要的是借助眾籌平臺來曝光眾籌提案，娛樂眾籌的實質是縮短消費者與提案發起人之間的距離，從而推動粉絲經濟，「行銷」才是娛樂眾籌的最終目的。

例如：電影眾籌，很大程度上它只是宣傳電影的一種工具，如由「華誼兄弟」出品，周迅、黃曉明、謝依霖、隋棠聯袂主演的2014年賀歲片愛情喜劇《撒嬌女人最好命》上映，該電影也進行眾籌，同時「淘寶眾籌」還祭出粉絲福利——「黃曉明粉絲見面會」眾籌案，購票影迷可享有

不同權益，眾籌金額超過2,000元（人民幣）即成功召開見面會。

與其說是籌錢，不如說是為了製造噱頭，他們更看重的是投資這產品的粉絲在電影上映前期所帶來的話題，以及透過大數據來預測電影票房是否有更多的發展空間。

小水曾是韓國最大的「造星工廠」SM公司的練習生，因為家庭變故回中國，成為了一名網路主播。雖然在網路直播時小水能展現自己的才華，但他心裡卻仍然渴望著能發行一片真正屬於自己的單曲或專輯。而「YY娛樂」所發起的娛樂眾籌正好為像小水這樣的人提供了一個自己爭取製作單曲、出專輯的平臺。

依照「YY娛樂」平臺規則，此次眾籌案在粉絲為主播投出「心意票」的同時，還需要累計足夠的禮物數才可以。

在眾籌發起的5天之內，參與投票的人數超過了270,000人，平均每日進出5組主播直播之間的人數達到了700,000人次，最高人數達到1,100,000人。

而小水的粉絲僅用兩天的時間就幫自己的偶像達成了兩個階段：累計100,000票、1,000,000個禮物的任務，相應的單曲專輯也進入了緊鑼密鼓的錄音期。雖然小水在韓國出道的夢想沒有實現，但眾籌平臺讓小水的夢想獲得了重生。

圖4-4 ▲「關於夢想，我不認輸」小水發行專輯募資頁面

　　無論是將娛樂眾籌當成宣傳手段，還是真正需要透過眾籌獲得資金，娛樂眾籌都已經成為娛樂天地裡的一個重要板塊。誠然，就連「百度」和「阿里巴巴」這樣的互聯網大佬都在娛樂眾籌中遭遇過滑鐵盧，但是任何新事物都需要在不斷的失敗中吸取教訓，才能找到真正適合它的發展道路。

　　娛樂的獨特性決定了它可以引發全民的熱潮，因為娛樂總是與粉絲緊密相連，粉絲的巨大威力與眾籌平臺結合，將為娛樂眾籌增添更耀眼的光彩。

藝術眾籌：有效與大眾拉近距離、打破間隔

　　藝術源於生活，似又高於生活，離人們的生活很近，但也很遠。在普通人的眼裡，藝術是特定人群「玩」的東西，一般人根本玩不起，也不懂其中巧妙。而對於藝術家來說，最苦悶的事情就在於沒有好的平臺將自我的想法展現在大眾面前。

　　眾籌模式在過去貝多芬與莫札特時期相當流行。音樂家通常會有一個核心的贊助族群，贊助人會透過購買音樂會的票券和預定私人的音樂表演，讓音樂家在創作時不需擔心收入的來源，也不用害怕下一場音樂會沒有人出席。之後逐步演變成初創企業和個人為自己的眾籌提案爭取資金的管道，藝術有著天然的眾籌基因。

　　現在，網路科技讓全世界的贊助人和提案人在眾籌平臺上產生連結。眾籌平臺讓藝術和大眾之間沒有隔閡、拉近距離，讓大眾也有機會分享藝術的成果。

　　2015年3月20日，中國畫家何成瑤在「眾籌網」平臺正式啟動她的最新行為藝術眾籌——「出售我的100小時」，在此次提案當中，何成瑤規定：當網友眾籌總額達到50個小時以上，她將在網友指定購買的時間段裡，一秒鐘記錄一個點，以這些點畫出一幅「時光秒輪圖」樣式的概念作品。

　　眾籌金額規定為2,000元為1小時單位，最多銷售100個小時。2天之後，贊助累計金額便達到了200,000元（人民幣），何成瑤「出售我的100小時」眾籌專案獲得了圓滿成功。

　　這樣的眾籌專案在中國藝術界裡屬於首創。何成瑤表示：「這次藝術創作，最終將由我和所有的眾籌贊助人一起完成。」按照約定，何成瑤將在4月1

日到5月1日之間，完成支持者購買的概念作品。

購買了何成瑤「1小時」的贊助人小魚（化名）表示，之所以購買，首先是覺得何老師的這個行為藝術的主題寓意好，形式也很新穎、有意思。「我很願意成為這個藝術事件的參與者，我也很看好何老師的這次創作。」小魚說。

何成瑤的成功在藝術界引發了強大迴響，一些業內人士開始仿效何成瑤，試圖透過藝術眾籌的方式尋找藝術新的出路。

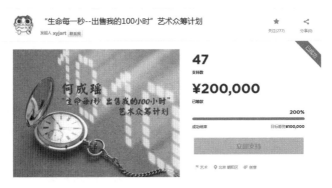

圖4-5 ▲ 「出售我的100小時」時光秒輪圖募資頁面

藝術眾籌最大的亮點就是讓高高在上的藝術轉變為喜愛藝術的普通大眾都可以參與的形式，帶領一般人進入了藝術圈。一直以來，藝術與普通人之間有著一道難以跨越的鴻溝，大眾普遍都認為藝術處於一個艱深難懂的層級，當然不用談掏腰包贊助藝術了，自己根本就不瞭解藝術是什麼。

然而藝術眾籌讓這一切變成可能，藝術眾籌打破了傳統藝術流通的傳統模式，讓大眾有機會近距離地接觸藝術、瞭解藝術、贊助藝術。藝術眾籌可說是現今網路時代讓藝術更好地貼近普羅大眾的強效模式。

在互聯網時代，藝術家們如果閉門造車，不注重與廣大群眾之間建立起聯繫，就會脫離實際，最終孤芳自賞，被時代淘汰。而藝術眾籌為眾多藝術家提供了一個展示自我的平臺，在這個平臺上，藝術家不僅可以透過眾籌籌資，還能對藝術品牌和作品做深入的曝光與宣傳，可謂是一箭雙雕。藝術眾籌有效地將藝術、互聯網、消費等元素融合在一起，為實現藝

術價值而創造出了新的商業模式。

　　2014年5月3日，由北京鳳凰東方藝術品投資管理有限公司旗下藝術眾籌平臺「藝米範」發起的「眾籌畫廊藝米空間」開幕式盛大啟動了。但讓人疑惑的是，此次開幕式並沒有展出任何藝術作品。因為在策劃人焦振宇看來，凝聚了眾多藝米人夢想的藝術空間，其本身就是一個與諸多藝術家共同創作出的作品。

　　與傳統眾籌不同，「藝米空間」採用眾籌與有限合夥制相結合的形式，目標對象為藝術家，線下則是與參與者簽訂合夥協定，參與者既是此專案的有限合夥人（投資人），同時也是「眾籌畫廊藝米空間」合作代理的藝術家。

　　「藝米空間」的負責人雷倩在介紹畫廊時說：「藝米空間其實是新興的藝術眾籌網站『藝米範』的線下實體空間，在目睹了798藝術區很多畫廊的駐留不穩定問題之後，這種新的畫廊模式因為有大家的參與和經營，會朝著明朗的方向邁進。畫廊的定位首先是要生存下來，營利和維護合夥人的權益是要放在首位的，對於推出的眾籌專案會有學術上的統籌，但畫廊一定會從商業上著手。藝米空間作為全中國首個藝術眾籌畫廊，它是藝術空間運營的一種偉大嘗試和新起點，相信在眾多藝米人的努力之下，藝米空間這種眾籌的新模式今後還會在各地開花，甚至這種模式成功後，還會複製到海外，從而跨越藝術的新高度。」藝米空間是全中國首例藝術眾籌畫廊，將眾籌與藝術有效結合起來，真正實現了藝術的自由與開放。

　　雖然藝術眾籌還處在起步階段，但隨著人們生活水準的不斷提高，對藝術的感受度也越來越強烈，藝術眾籌在未來的發展還是不可估量的。

　　類似於娛樂眾籌，藝術眾籌的發起人往往不是為了籌集資金，而是為了聚集更多的人氣，借助眾籌平臺做宣傳這條路是否能走得通，誰也不敢做出保證，畢竟眾籌本身是商業行為，如果只淪為宣傳工具，就失去了原先的特質。雖然藝術眾籌在藝術界異常火紅，但事實上，藝術眾籌的未來發展道路到底該如何走，目前看來仍是個未知數。

4-6 農業眾籌：開心農場不只存在於網路

　　隨著都市人生活節奏的不斷加快，生活在城市裡的人越來越渴望返璞歸真的生活方式，試想一下，在寸土寸金的城市裡，如果能擁有一塊屬於自己的園地，裡面種滿了各式瓜果蔬菜，生活該是多麼地愜意？

　　這個願望雖美，現實中卻難以實現，於是人們只好把這樣的情懷寄託在網路遊戲裡的「開心農場」。在虛擬世界裡，人們自己就是農場主人，種蔬菜瓜果，施肥捉蟲，按時去朋友那裡「偷菜」，玩得不亦樂乎。

　　幸運的是，隨著農業眾籌的出現，人們不需要在虛擬的世界裡尋找寄託，因為開心農場已經不只存在於網路上。

　　北京，一座繁榮的商業大都市，高樓林立，車水馬龍，與田園風光扯不上半點關係，但就在這座鋼筋混凝土的叢林中，有一片生機盎然的菜園悄然出現在CBD（中心商務區，Central Business District）的屋頂之上。

　　2014年，北京萬通立體之城投資有限公司在「眾籌網」發布了一個名為「屋頂菜園」的眾籌提案。顧名思義，「天空菜園」就是在屋頂上種菜，以每1平方米（約0.3坪）作為一個種植單位供贊助人購買。

　　萬通集團主席馮侖對這個眾籌案青睞有加，他認為這個專案代表了萬通的發展趨勢。為了表示支持，馮侖向「天空菜園」投資了40,000元（人民幣）。最終「天空菜園」專案獲得了超過210,000元的眾籌資金。作為對馮侖40,000元投資的回報，馮侖獲得了屋頂菜園4平米種植區的終身地主身分，他不但可以在這塊土地上種菜，還可以收穫整年內產出的蔬菜、花卉。最誘人的是，作為天空菜園的一名地主，馮侖可以免費參加在屋頂露天空間內舉辦的種植分享會、星空音樂會、螢火蟲酒會等活動。

到了冬天，屋頂菜園「歇業」了，但萬通新的眾籌專案又開始悄悄醞釀，他們打算預售「室內種植系統」，如果眾籌成功，團隊將為贊助人解決肥料、種苗等問題，並教會贊助人種植有機蔬菜，讓贊助人在自己家裡也能擁有自己的有機農場。

網信金融集團首席執行官盛佳表示：「眾籌不光是籌錢，還可以提供很多的服務。參加農業眾籌不僅可以獲得農場的作物，也可以參加生態旅遊，我們和一些北京當地的其他農場都有合作。包括這次的空中菜園專案，辦公大樓頂樓有一個菜園，吃完了飯可以上去轉一圈，或者結合開心農場的遊戲，同事之間『玩真的偷菜』。」

圖4-6 ▲ 「天空菜園──追逐都市的田園夢」募資頁面

農業眾籌最早起源於美國，具有代表性的眾籌網站是土地流轉平臺「Fquare」和「Agfunder」。在「Fquare」平臺上，用戶可以透過購買選定的某區域的某塊土地的股票，間接擁有土地。「Agfunder」則類似於中國的「眾籌網」、「點名時間」，只不過它主打農業類向。

農業眾籌傳入中國之後，受到民眾的熱烈歡迎，據農業眾籌平臺「眾田啦」統計，在多個眾籌平臺上發布的農產品眾籌成功率超過84%。中國的食品安全問題早已是老生常談，無論是農藥殘留、基因改造作物，還是毒大米等觸目驚心的食安問題使得人們迫切需要一個良好方法來解決這個隱患，而農業眾籌的出現則使這個想法成為可能。

　　農業眾籌讓贊助人參與到農耕生產當中，實現了「透明生產過程」，保證了農產品的品質與安全性，這對迫切希望食品不再出現安全問題的廣大群眾來說，是相當大的吸引力。更何況，農業眾籌不但可以使人們吃到安心的農產品，還能讓現代都市人享受到桃花源般的生活，這更加深了人們對農業眾籌的好感。

　　此外，由於依照訂單生產，農業眾籌使得傳統農業鏈產生了一些改變，去除了許多中間環節的消耗，節約了資本與資源。

　　那麼，農業眾籌究竟該怎麼進行呢？目前，農業眾籌主要有四種形式：「農產品眾籌」、「農業技術眾籌」、「農場眾籌」和「公益眾籌」。而中國的萬通公司所開展的「屋頂菜園」和「室內種植系統」就分屬於「農場眾籌」和「農業技術眾籌」。

　　「本來生活」與「眾籌網」聯合推出了一個農產品眾籌專案——「嘗鮮眾籌，延安宜川紅富士」。與一些稀有水果相比，蘋果種植面積大，範圍廣，大眾接受度高，人們隨處都可以買到，然而延安宜川的紅富士在人們的生活中並不常見，該眾籌案正是抓住了此一特點，以嘗鮮為噱頭，吸引消費者的注意。目前，該提案已經在眾籌網成功結案。

圖4-7 ▲ 「延安宜川紅富士」募資頁面

　　隨著農業眾籌認知度的提高，農業眾籌十分受到歡迎，但需要注意的是，農業眾籌還處於萌芽階段，農業專案具有投資金額大、週期長、風險高的特性，如果盲目跟風，有達不到預期收益的可能。

　　以「眾籌網」為例，雖然與「本來生活」聯合推出的「嘗鮮眾籌」獲得了成功，但在提案營運過程當中，「眾籌網」發現農業眾籌產業鏈長，具有不可控性，也不符合「眾籌網」的整體風格，便沒有再繼續嘗試下去。

　　農業眾籌滿足了都市人渴望天然健康農產品的心願，具有較大的發展空間，借助眾籌平臺推動農業發展已漸成一種都市時尚。然而，該如何規避農業投資金額大、週期長的風險，是目前需考量與解決的問題。農業眾籌要想走上健康、持續的發展道路，必須要有強大的資源整合能力做為支撐，例如：政策上的引導與支持、物流鏈的串連等等。

　　中國作為一個農業大國，農業在其經濟發展中具有舉足輕重的地位，可以預見，只要政府加以正確的引導和扶持，農業眾籌在中國國內的發展前景將十分可觀。

4-7 房地產眾籌：模式眾多，風險需要關注

　　只需要花幾千元（人民幣）就可能買一幢千萬級別的別墅、就能投資地產專案，拿到投資收益，這是真的嗎？沒錯，這是真的。只不過購買別墅和投資地產需要大家一起「當分母」，你只是眾多投資人之中的一個，這就是眾籌的新模式——房地產眾籌。

　　所謂的房地產眾籌，即是房地產開發商、經營商、投資商透過眾籌平臺網站為其經營或準備經營的眾籌案籌集資金。

　　房地產眾籌由美國眾籌平臺「Fundrise」率先發起，該網站提供贊助人住宅地產、商業地產等各種類型的不動產眾籌案，投資門檻只有100美元，此平臺一經上線便受到人們的熱烈歡迎。而這股眾籌風潮同樣席捲了中國的房地產行業。「團貸網」旗下的「房寶寶」第一期別墅眾籌案，需要籌資1,491萬元（人民幣），在短短2小時內便由443名贊助人完成。該套眾籌別墅最終以1,600萬元價格售出，實現年化收益率40%。

　　「商鋪眾籌」是房地產眾籌當中的一種，顧名思義，商鋪眾籌就是聚集眾人力量一起購買商鋪，根據投資額度占有眾籌標的物的產權份額，並成為房產共有人。商鋪的價格一般都較為昂貴，特別是在大城市裡，在過去，商鋪一般都是由個人或者某個機構出資購買，這種高資本不動產的消費行為讓許多人望而卻步，然而商鋪眾籌打破了此種購買模式，普通民眾也可以透過眾籌模式購買商鋪，其透過稀釋產權的方式降低了商業地產的投資門檻。

　　「鋪寶寶」是由「麒麟眾籌平臺」推出，由成都市鋪寶寶商業地產投資管理有限公司所運營，主打中國國內一線城市的商業地產房源，並精挑細選成熟運

營中的商鋪房產作為眾籌案產品。與當前只有針對住宅地產產品進行眾籌的平臺不同,「鋪寶寶」專門針對完全符合市場投資產品特徵的商業地產產品「商鋪」提出眾籌案。

為保障投資人權益,「鋪寶寶」每一個眾籌商鋪均為成熟商圈、核心地段、具備服務行業基礎的稀缺商鋪。第一期眾籌案的房源位於成都市金牛區解放路一段23號,市場價格是62,100元(人民幣)╱平方米,而「鋪寶寶」的眾籌價格是57,132元╱平方米。

在運作上,「鋪寶寶」商鋪眾籌有一套完整的流程。「鋪寶寶」公司收集房源之後,按照標準篩選房源,並以一定的折扣預訂房源,然後透過眾籌平臺公開房源,對這個提案感興趣的贊助人可以透過投資認購產權,最後簽訂購房合同。

簡而言之,就是贊助人「湊錢」買房,待房子升值之後出售,以從中獲得投資回報。如果贊助人不想再擁有這份產權,可隨時將自由份額產權對內或對外轉讓,轉讓產權後,承接方將會被登記為「鋪寶寶」產權持有人。

「鋪寶寶」利用新市場提供的市場機會,構建「產銷一條龍」的盈利機會。「鋪寶寶」模式將中國的國家法律對產權共有的解釋——「兩個或兩個以上的公民、法人共同擁有該房屋的權利和應承擔的義務」發揮到極致,「鋪寶寶」模式說白了,就是人們對房產投資理財的新模式。

那麼,如果有人想在繁華地段開一家店,卻沒有足夠的資金購買商鋪,該怎麼辦?有的人手中有閒散資金,想做一些小型投資,但又不敢亂投資,該怎麼辦?不用著急,這兩種類型的人都可以選擇商鋪眾籌。

不過,商鋪眾籌的模式與「鋪寶寶」賺差價的模式有所差異。商家要先選擇好自己中意的商鋪,然後到眾籌平臺發起「商鋪產權眾籌」,對此感興趣的贊助人可以與其他贊助人合夥投資,當眾籌提案成功之後,籌集到的資金總額就會從協力廠商金融機構轉入開發商帳戶,商家取得店鋪使用權,產權則由協力廠商機構為全體贊助人代為持有。

　　商家在經營過程中獲得的收益也必須根據「眾籌協定」定期與贊助人分享，如此一來，贊助人不僅是房東，也是股東，同時還解決了維持商鋪的融資問題，達到了雙贏的目的。

　　隨著房價不斷飆升，房租也隨著水漲船高。房租增長太快，使得買商鋪的資金壓力過大，也成為許多商家的痛點，而商家的此一痛點卻讓「合眾籌」與「中渝香奈公館」看到了商機。

　　2015年4月，「中渝香奈公館」聯手全球化眾籌平臺「合眾籌」召開了「互聯網＋新牌坊合夥人」的媒體推介會，欲以眾籌模式解決商鋪投資人與經營人的煩惱。

　　「中渝香奈公館」擁有約46米寬、250米長的步行商業街資產，該步行街與200多萬平方米的「中渝國際都會」臨街相隔，地理位置非常優越。想要到香奈公館步行街開店的商家，選好店面之後發起店面產權眾籌案，「合眾籌」便會根據商家以往的商譽及自有資金的情況配售眾籌資金額度，為商家融資。

　　「合眾籌」副總裁熊丙強調，中渝推薦參與眾籌的商家，不能是首次創業者，至少開有一家店，且過去一年都在賺錢。這樣做的目的是為了保證贊助人的利益，因為眾籌成功之後，贊助人獲得商鋪產權，商家獲得商鋪的使用權，但商家根據眾籌協定及自身經營情況，定期與贊助人分享收益。

　　目前，房地產的眾籌模式很多，可以產權眾籌、可以股權眾籌、也可以債權眾籌，但無論是哪一種眾籌模式都需要面對一個現實：房地產眾籌在中國國內還處在起步階段，在相關法規、市場規則不完善的情況之下，由此產生的法律與投資風險值得投資人關注。房地產的眾籌提案一般都不承諾保本、保息，所有投資風險都要由贊助人自己承擔。因此，在關注收益的同時，參加房地產眾籌案，贊助人更需要三思而後行。

CROWDFUNDING
Dreams Come True

實 作

高手如何規劃眾籌？

提案發起人須清楚：目標市場是誰？要讓目標來找你，並非你去找目標。做生意有許多目標客群，但是目標要如何知道你是誰？你在哪裡？如果你將產品或服務放到眾籌平臺上，那麼目標就能看到你、找到你，你也能將目標聚集起來。

5-1 成功眾籌提案的關鍵要素

現今海內外都有許多眾籌平臺,你可以將你的想法放上去,就可能眾籌到你所需要的資源。但是一定成功嗎?不一定,這需要端看你的創意、你的表達方式、你的行銷方式是否能得到群眾的認同,如果眾籌可以與行銷結合,就能無所不能。

那麼,一個成功的眾籌提案究竟有什麼特質呢?

具備「原點精神」(魂)

「原點精神」就是「魂」,意指最原始的訴求是什麼,提案人必須在眾籌提案中清楚地秀出訴求為何,因此必須懂得包裝與行銷。例如,建立南迴醫院的核心訴求便是減少公路事故的傷亡率與改善偏鄉地區的醫療環境。

成功的眾籌提案有五個層次,由低到高為:

(1)收錢。

(2)收人。

(3)收心。

(4)收命。

(5)收魂。

在五個層次當中,最優秀的是能表現出提案的「原點精神」,也就是「收魂」。想想,從百事可樂到Apple產品,其實粉絲們都帶有一點宗教式的狂熱在追隨,每次Apple一有新機種上市,總有「果粉」前一天就開始徹夜排隊。若你在上架眾籌提案時,就能培養出如此忠誠的粉絲,對你的產品充滿期待,那麼你就成功了。例如,中國小米手機就是這樣崛起的。

具有明確的三大關鍵

要設計出成功的眾籌案，一般來說會需要思考以下三大關鍵：

1. 向誰提供價值？

此即所謂的「族群」或「社群模式」。在小眾中尋求海量，創業必須在一個很狹小的領域，並囊括這個領域裡的大部分市場，不能選定大範圍，否則競爭性將非常地強。永遠要「族群第一，企業第二」。

2. 提供什麼產品或服務？

永遠要「意義第一，產品第二」。功能與情感兼備，所謂理性與感性是也。例如，一個房地產業務員便可以主打「專賣豪宅」，並且「產品」（理性）永遠排第二，將意義（感性）永遠排第一，一開始就說一個故事，讓感性打動人心。

3. 與誰一起來提供？

此即「夥伴模式」。永遠是「追求第一，需求第二」。有了上下游，才能形成「生態圈」，而「生態圈」是完整商業模式的關鍵。

因此你得思考清楚你的上游是誰？下游又是誰？「生態圈」也就能產生群聚效應，才能產生更大的影響力，你的眾籌提案也才能發揮功用（也就是籌資到錢）。

「成交系統」的建立

提案發起人要認清：你的目標市場是誰？同時要讓目標來找你，而不是你去找目標。例如，你做生意有許多目標客群，但是目標客群要如何知道你是誰？你在哪裡呢？但是如果你將產品或服務放到眾籌平臺上，那麼目標就能看到你、找到你，你也能將目標聚集起來。

做生意的流程從「塑造價值」開始，接著是「傳遞價值」，透過「溝通」（說、寫、肢體、影音、圖表等）使目標市場（Target）能「認定價值」、「實現價值」，進而成交，使客戶對你產生「長期價值」（LTV，long term value），然後複製此模式，形成「系統」。

因此，產品從來都不是你該先擔心的問題，「成交系統的建立」才是關鍵！

而網路銷售的流程可概分為「前端」與「後端」，在「後端」上應建置自動化運作的系統，然後不斷地放大「前端」，追求客戶「長期價值」，甚至是「終生價值」。如下圖所示：

圖5-1 ▲ 網路銷售的流程

前端過程指的是：「第一次接觸」、「建立名單」、「初次成交」。

前端過程指的是：「追售」、「轉介紹」。

當在後端的步驟上運用得當，便能產生長期價值。例如，當你在Facebook上買了個廣告之後，所賺到的錢稱為「初次成交」，善於運用此次機會，就可產生後續的「追售」與「轉介紹」過程，所賺的錢也會越來越多。

如何建立成交系統？

完整的商業模式是以價值為「核心」，包括了：

（1）價值主張。

（2）價值傳遞。

（3）價值實現。

也就是說，設計眾籌案時，必須思考你為客戶提供了什麼價值？你需要「塑造價值」、「傳遞價值」與「實現價值」。

例如，筆者過去曾是補習班數學老師，而補教業競爭者眾，敵手以滿

分的學生人數作為宣傳號召，因此筆者提出「保證最低分75分」，意思是來找我補習數學，保證你能考到的最低分是75分，這幫助筆者賺到了人生中的第一桶金。現在已經廢除聯考，因此筆者有一套暢銷書為《學測最低十二級分的祕密》，這就是我的「價值主張」。

不單只是運用在眾籌、創業上，無論從事各行各業，此三大重點都是成功的關鍵核心，只要深入瞭解、抓到訣竅，都可以將其有效地運用在你的領域之中。

任何商業模式都以「價值主張」為核心

任何「商業模式」（Business Model）都是以「價值主張」作為核心。所謂的「價值主張」就是：你的東西到底對我有什麼價值？你要能站在客戶的立場思考。

「價值主張」是協調上下（垂直）、左右（水平）一致性的最佳工具，可溝通事業夥伴、團隊成員、行銷業務人員、通路商及其他利益相關人。

當你面對你的企業、團隊、合作夥伴還是上下游時，你都要表明一致的價值主張，因此你必須先定位好價值主張，並且日後不會輕易更動。你用價值主張去說服你的團隊、合作夥伴、上下游，如此你才具有「一致性」。「一致性」指的就是你不能見人說人話、見鬼說鬼話，你在經營企業上的說法都必須完全一致，這就是「價值主張」，每個人會因此瞭解你是什麼樣的人、而你的企業是個什麼樣的企業。

那麼思考一下，什麼樣的產品或服務才賣得出去？

首要答案是：能解決顧客痛點的產品或服務。例如，牙醫治療病患的牙痛。當顧客感受到痛苦時，你販賣一個解決方案，他就會心甘情願地買單。

其次答案是：能帶給顧客快樂或滿足的產品或服務。例如，牙醫安排顧客做美白牙齒的療程，能幫助顧客牙齒恢復潔白美麗，帶給顧客快樂滿足的心情。但是美白牙齒的需求人數一定比因牙齒問題而需要求助牙醫的

人數少，因為多數人都是當下牙痛難耐，需要獲得立即性的解決，才輕易地「買了牙醫的單」，因此痛點的效果大於快樂點是毋庸置疑的。

善用「推力」與「拉力」建構你的價值主張

若你的「價值主張」吻合顧客的需求（痛點），這就稱為「適配」（fit，適當的配合），而設計眾籌提案當然需要「適配」。

那麼，要如何運用「推力」（push）與「拉力」（pull）的力量來建構你自己的價值主張呢？

「推力」：指的是從己身的技術或創新來設計價值主張。意思是說，你在擁有某些技術、發明或構想之後，進而搜尋顧客層，思考有哪些客戶會願意買單，以及顧客群會有什麼痛點與快樂點。

「拉力」：指的是從顧客的痛點和快樂點出發，找出解決方案，進而設計出價值主張。此時要注意有利可圖的商業模式才具有商業價值。

那麼，請問你要先找出顧客的痛點，還是先決定自己的「產品或服務」呢？答案是：都可以，但是重點仍在於「適配」。例如，你有產品或服務，你就得非常精準地知道這與哪些顧客可以適配；如果你是先找出顧客的痛點，你就得百分之百地確定這個痛點與你的解決方案可以「適配」。

建構「顧客資料」，找出痛點與快樂點

在訴求「價值主張」之前，你必須要充分了解顧客，先建構起「顧客資料」（Customer Profile），然後設法將你的「價值主張」吻合顧客的「需求」（痛點），這就稱為「適配」，因為你永遠不能假設地球上的70億人都是你的顧客。

例如，《EF》女性雜誌的讀者設定為25歲的女性客群，但是不只20世代的女性會購買《EF》，35歲的女性也會購買《EF》、45歲的女性也會購買《EF》，然而市面上卻沒有45歲的女性專屬雜誌，為什麼呢？這是因為無論是35歲還是45歲的女性，都會想要成為25歲女性流行的樣

子，這就是建構「顧客資料」的重要性，要明確地描述出你的顧客，並針對你的顧客提出你的眾籌提案，說明你的價值主張。要注意的是，經營企業一開始的目標要明確，但這並不代表目標永遠不能換。

你得在「顧客資料」中找出顧客的「痛點」與「快樂點」，必須針對目標客群思考，其中「痛點」的強度要比「快樂點」多上數倍，因為消費者很少因為某個產品或服務讓他更快樂而買單，而是某個產品或服務可以幫助他解決什麼痛苦而買單。

那麼，你要如何達成這個目的呢？很簡單，當多數時候顧客沒有發現時，你要去「點醒」他，也就是「加重他的恐懼」。原本顧客認為只是一個小困擾，但是在閱讀你的眾籌提案之後，他才驚覺這個小困擾或許是個大麻煩，然後你緊接著提出問題的解決方案。舉例來說，販售醫療相關產品的人可以告訴潛在客戶：「現在癌症都是被檢查發現出來的，但是未被發現的癌症數量其實是被發現的16倍！」那麼對方聽了就會開始緊張，此時你再介紹你的產品或服務可以如何地解決這樣的問題，就容易成功。

因此，重點在於我們販賣並不是產品或服務的「說明」，而是「解決問題的方法」，而這個問題往往就是一個「痛點」，如果顧客不認為這是一個痛點，你就得在傷口上灑鹽，「讓他痛」，因此針對痛點的陳述要具體化。同樣地，「快樂點」也要具體化，不能讓人感覺這個產品或服務「可有可無」，而是要讓他覺得這個產品或服務「不可或缺」。

「價值主張」就是針對顧客的痛點提出解決方案，或者針對顧客的快樂點提出達成與擴大方案。研究清楚之後，「價值主張」的塑造才能以顧客的觀點來思考，你才能宣稱：「成交一切都是為了愛！」意思是說：「我發自內心覺得我的產品很好，你說你不需要，這真的太可惜了！我的產品那麼好，我成交你是為了你好、為了愛你，希望你能擁有這個產品，因為這產品能對你真的能產生很大的幫助。」這就是金氏世界紀錄汽車銷售保持人喬‧吉拉德（Joe Girard）的經典名言。

「價值的適配」具有三個等級：

（1）基本等級：你提出的價值主張可以回應顧客的痛點或快樂點，此謂「解決方案」。

（2）落地實戰等級：你的產品或服務得到市場正面的反應，也就是說，你的產品可以持續售出。永遠記住：顧客是「價值主張」的法官、陪審團與行刑者，顧客對你是不會留情的！

（3）最高等級：創新商業模式，可以整合或併購別人。

而好的價值主張具有以下特質：

（1）是卓越商業模式的一環。

（2）聚焦在顧客最在乎的痛點或快樂點。

（3）聚焦在客戶無法解決的痛點與無法實現的快樂點。

（4）鎖定高端核心客群做到極致！

（5）專注在很多人都有的痛點和快樂點，薄利多銷。

（6）專注於一些人願意付出較高報酬的項目，厚利適銷。

（7）和競爭對手有所區隔，至少要有一點大幅超越競爭對手。

（8）難於複製（重置成本高）。

上述的這些特質並不是要求每一種都得達到，而是至少達成一至三項。例如，資訊型產品的定價範圍可以非常大，可以從零元到幾萬元，不像實體產品有其限制。

21世紀最常見的BM創新模式便是從「銷售產品」轉為「提供服務」。要為你的事業創造價值，你就必須為顧客創造價值。持續為顧客創造價值，你的事業就能更有價值，市場會將此價值價格化並「貼現」（貼現就是指上市上櫃，所謂股價的「市值」，意思是指市場預估你這個人未來會幫股東賺多少錢），你就能成為鉅富。

如何才能成為鉅富？答案是「創造價值」，那麼，如何能創造價值？答案是：「Unique Selling Proposition」（差異化，個性化）。例如，你的產品或服務可以「更新」、「更有效」、「更便宜」、「客製化」、「設計感」、「更便利」、「更易用」、「無風險」！

當代行銷究竟難在何處呢？除了「USP」（獨特銷售主張，Unique Selling Proposition），還要兼顧「ESP」（情感銷售主張，Emotional Selling Proposition）。例如，在銷售界年輕漂亮的女性佔有優勢，無論其賣什麼，對男性客戶來說都特別有說服力，這就是所謂的情感訴求。

通常認為，一個產品如果具備一個「USP」，那麼它就具備了存在的理由。在過去，企業都力求獲得自己的「USP」，然而在當前的市場競爭環境下，任何一個產品都已經很難保證在品質或功能方面真正地做到獨一無二。

於是，像可口可樂、百事可樂這樣的品牌開始從「ESP」下手，透過賦予產品特定的價值與情感，而不是透過產品的品質或功能來實現了產品的差異化。可口可樂和百事可樂都持續在建立與不斷強化一種運動的、時尚的飲料形象。

「USP」和「ESP」已是當代行銷，而成功的行銷還要針對「MSP」（「我」銷售主張，Me Selling Proposition）。

現代的消費者期望廣告和行銷的重點以他們為中心，購買產品的原因除了單純為了產品功能或是能夠滿足他們的情感之外，也可以簡單到只是為他們提供「個性化」的產品而已。

例如，可口可樂曾在澳洲舉辦一種行銷活動，第一階段先推出印有150種不同名字的瓶身可樂，成功地吸引相當多人去購買印有自己名字的可樂，第二階段時，可口可樂聯合了18家商場，為消費者印上他們想印的名字，而且，男女朋友或者家人也可以將名字印在一起，這樣的行銷活動將業績更推上了更高峰。

「個人化」的行銷概念，不但能使品牌的行銷預算用在刀口上，更能維繫後續與目標消費者的關係，全面瞭解其偏好、習慣，再進行市場區隔，藉由提高效率與高效益的手法，省去不必要的時間和成本。這樣的貼心不僅能感動消費者的心，成功打入目標市場，更能使行銷業者節省龐大的行銷經費，達到綜效影響。

具備價值主張、價值傳遞、價值實現的三大模式

1. 價值主張三大模式：族群模式、產品模式、夥伴模式

「價值主張」有三大模式如下：

◆族群模式：族群第一，企業第二！

經營事業必須以客戶為核心，若創業初期能透過眾籌方式募集一群鐵粉（鐵桿粉絲），那麼事業前景前途無量矣！例如，以前的哈雷族（哈雷機車）與現在的小米一族（小米手機）等。

不同的族群具有不同的價值觀、愛好或興趣，所以你的眾籌提案一定要明顯表現出你的原點精神，將相同價值觀的人找出來、聚集起來，形成族群。眾籌同時也能實現價值，例如，許多眾籌提案都會提供100元無條件捐贈的選項，此選項的贊助人雖然沒有購買提案人的產品或服務，但是他贊同提案人的理念，也就成為提案人的粉絲。

◆產品模式：意義第一，產品第二！

思考一下，你的產品或服務究竟為客戶解決了哪些問題？你的潛在客戶真正想要的是什麼？

關鍵在於：追求小眾（分眾）的海量才是王道！筆者始終強調別將所有人都當成自己的客戶，而是要針對某種特定族群（也就是小眾）解決問題。例如，你的產品或服務因為網路盛行而能找到中國大陸的客戶，甚至馬來西亞的幾百萬名華人也可能是你的客戶群，這就是小眾中的「海量」。

因此，你的產品必須兼顧功能需求與情感需求，所謂實虛並進，也就是理性與感性。其中有形可觸摸者為實，情感、思想、精神及文化層面為虛。

◆夥伴模式：整合第一，沒有競爭！

思考一下，你的眾籌提案能和誰共同為客戶創造出更高的價值？這是「生態圈」的概念。思考你的上游是誰？下游是誰？你又能整合哪些人？

因為這是一個「打劫」（跨產業）的時代，我們要當打劫別人的人，

而不當被打劫的人。你或許會問：誰會打劫我們？答案是不同行業、不同領域、不同國籍的人。因此我們最好能跨產業來發揮自己的所長。

舉例來說，電子書產業可能是場騙局，怎麼說呢？假設電子書產業有1兆元（新台幣）的價值，筆者預估真正能收到的錢只有100億元左右，其他都是「低廉的價值」。而其中100億元的98億元也不會是出版社賺走，反而是讓電訊業者、3C業者賺走了。想想，電子書產業1兆元的價值，卻只有2億元落在出版社口袋，那麼電訊業者、3C業者就是「打劫」別人的人。

競爭對手往往會隔空冒出，因此我們要建好產業鏈，將競爭關係轉變為競合關係，再轉成合作關係，就如前述的到府美甲案例。

記住：沒有永遠的敵人！而整合正是借力的關鍵！

2. 價值傳遞的三大模式：通路模式、溝通模式、客戶模式

其實談眾籌，當中有三分之一是行銷的範圍，讀者朋友們也同時學會了行銷的關鍵。那麼，當你已經有了「價值主張」，又要如何進行「價值傳遞」呢？「價值傳遞」的三大模式如下：

◆通路模式：體驗第一，鋪貨第二！

所謂的「通路」或「渠道」，指的是產品從生產者轉向消費者所經過的通道或途徑，其中的關鍵是體驗，所謂「體驗式行銷」是也。例如，現在廣告公司的內部幾乎已不再使用「廣告」或是「宣傳」等字眼，他們使用的是「溝通」，而與潛在客戶溝通最重要的就是「有染」（也就是讓客戶嘗試、讓客戶搭上邊）。

多數人都以為創業就是開店，也有許多人認為創業成功的關鍵就是鋪貨，但是，錯！錯！錯！錯了！你應該思考如何讓你的客戶「體驗」，即使是免費體驗都沒關係。舉例來說，你的產品是啤酒，你就可以在西門町等鬧區開放給路人免費試喝，如果評價不錯，他們就會願意再消費，可是前提就在於你必須「先教育」客戶——什麼才是好喝的啤酒？

◆溝通模式：有感第一，廣告第二！

你知道嗎？有80%的廣告沒有成效，但是問題在於：你不知道哪些80%的廣告沒有成效，只有「創新」能讓顧客有感。以下是三種有價值感的創新方式：

（1）從縫隙中創新。例如「餘額寶」，餘額寶是由第三方支付平臺「支付寶」打造的一項餘額增值服務。把錢轉入餘額寶，即等於購買了由天弘基金提供的餘額寶貨幣基金，可獲得收益。餘額寶內的資金還能隨時用於網購支付，靈活提取。

（2）藍海式創新。例如，澳洲的「Yellow Tail」葡萄酒是近年來以「有染」（讓客戶嘗試）加「有感」（創新的）的行銷方式在美國創造出極佳銷售量的紅酒品牌，特色是「帶有水果香氣、順口又好入喉」的葡萄酒。

一談到紅酒，每個人的第一印象通常都是法國，但是在澳洲種植的葡萄所釀造而成的葡萄酒品牌「Yellow Tail」擁有頂級的品質，價格卻中等，還能在美國大暢銷，的確有其成功的祕訣。「Yellow Tail」的名字好記，酒標上的袋鼠圖案也相當容易識別。2005年哈佛大學教授金偉燦（W. Chan Kim）與勒妮·莫博涅（Renée Mauborgne）在其所撰寫的《藍海策略》（Blue Ocean Strategy）一書當中，也將「Yellow Tail」獨特的行銷策略作為近代品牌成功塑造的典範。

（3）跨界創新。例如「藍球英語營」主要是結合籃球運動與英語教學特色的營隊，籃球教練以全英語指導籃球個人動作與比賽中的團隊技巧，透過互動式的教學法增加學員對英語的興趣和體育文化交流。

◆客戶模式：口碑第一，銷售第二！

思考一下，你與你的目標客戶族群要建立起什麼樣的關係？是可持續一輩子的關係（LTV）？還是只是一時的關係？

所謂的口碑有「表象」與「深入」之分，表象式的口碑如見證影片，深入式的口碑如朋友之間的口耳相傳。

「追售其他商品」與「轉介紹客戶」是一般業務員追求的目標，然而

事實上站在客戶的角度思考，他是猶豫、恐懼的，因此你得消除客戶的疑慮，做法就是「持續地贏得信任」。口碑必須是發自內心的，這才是真正的口碑。

所以，除了「有染」之外，最重要的行銷方式就是以「原點精神」圍繞原點人群，讓鐵桿粉絲們持續地以口碑擴散與傳播，若能不銷而銷，銷售自然就水到渠成了。

例如，你好不容易找到一個客戶，你就得讓他信任你、並轉介紹，這比任何花錢買的廣告都有效。

3. 價值實現的三大模式：成本模式、收入模式、壁壘模式

◆成本模式：去中間化第一，Cost Down第二！

為何很多職業，甚至是行業，幾年後就消失了？網路時代的特色是「去中間化」，如果你從事的行業是「中間」角色，最後很容易被淘汰。例如，美國亞馬遜（Amazon）網站的電子書就是直接淘汰了出版社，有許多作品已經不印刷成紙本書，而是作者直接將稿件檔案提供給亞馬遜，亞馬遜提供讀者付費下載服務，並將收入的70%付給作者。

想想，為什麼很多老闆收了很多錢，也花了很多錢，最後還是沒有賺錢？這樣還是等於「沒有價值」。因為網路普及後的最大效應便是「去中間化」。

這裡要注意的是，「先佔優勢」或者建立「模仿障礙」、建立「行業標準」、建立「專屬通路」，或者讓客戶有「退出成本」等等……均能有巨大的成本優勢。

◆收入模式：補貼第一，收入第二！

最棒的價格是「免費」，而免費的東西最貴。例如，有人邀約你可以免費上課，通常課堂內容會是銷售他們的產品或課程，免費只是一種表象。

那麼，企業是否有可能提供免費的產品或服務？如果你的產品或服務是可以使人上癮的，建議你可以免費提供顧客試用一段時間，但是不能完

全免費。

你的產品提供免費試用，又可以從哪裡獲得補貼呢？舉例來說，電梯廠商銷售電梯幾乎是以成本價計算，因此，客戶簽署合約中的定期維修保養費用就是廠商收入的主要來源。

因此，狹義的Business Model收入模式要思考幾個基本問題，例如：對誰收費？收什麼費用？如何收費？是預付預收？還是現款現貨？可否分期付款？又如何創造多元收入模式？

◆壁壘模式：Update第一，門檻第二！

這裡需思考你的護城河在哪裡？你的經營模式有何壁壘？你又打算如何強化？如果無法保證壁壘永久有效，你是否能創造出新的壁壘？壁壘與商業模式都要不斷地Update，如此，就算別人抄襲你，抄襲的也是昨天的你。即使你已完成你的創業計劃，你仍然可以時時刻刻調整與更新，而不是只能照著原先計畫走。

眾籌其實就是一種「行銷」，事實上任何事物都需要行銷，而行銷的程序如上述完全圍繞著「價值」，「價值」是你如何去描述一個產品或服務，而並非是產品或服務的實際價值。

眾籌提案的核心同樣是「價值」，包含了你如何去包裝你的產品或服務的價值，若能在案型呈現與文字說明的內容裡達成上述的要求，那麼眾籌成功的機率就會變得非常大。

具備五位一體的眾籌商業模式

眾籌是迄今為止最棒的商業模式，因為它能讓五位一體：

（1）研發者。

（2）投資人。

（3）傳播者。

（4）銷售者。

（5）消費者。

　　這些人都會造訪眾籌平臺網站，如果你將眾籌提案放上網站時，能有效聚集到這五種人贊助你、投資你，那麼就算成功了。

　　記住，任何商業模式都是以價值主張作為核心。設定目標客群，並尋找合作夥伴，探求收入來源與成本結構（現金流），注重客戶關係管理與通路（渠道）建設，培養關鍵資源以整合他人（或被別人所整合）。

　　參加王擎天博士的眾籌課程，你將能學到全盤「做生意」的流程與「行銷」的Tricks＆Method！

5-2 設計眾籌提案之前，先瞭解「社群」

巧用眾籌，就能同時能找到市場、找到團隊、還能測試產品或服務的水溫（等同於市場調查）。然而在準備開始設計一個眾籌提案之前，必須先瞭解「社群」才是創業成功的關鍵。

「社群」是由目標客群所組成，任何人都可以藉由眾籌找出自己的客群，願意贊助你的人就是你的客群。客群可以很小，但是不能完全沒有，就像是某家公司的營業項目看起來很多，營收看起來很大，事實上那個公司可能只有幾個員工。

例如，「Airbnb」是一個協助旅行者出租住宿的網站，旅行者可以透過網站或者手機發布、發掘和預訂世界各地的獨特房源，這是近年「共享經濟」的著名案例。也就是說，家裡如果有空房間、空房子，「Airbnb」可以幫忙屋主仲介給旅行者使用。當「Airbnb」公司的市值已經到達65億美金的時候，其員工仍不到20人，因為「Airbnb」的內部作業主要倚賴電腦軟體程式，他們需要什麼就「外包」出去。在網路上公開找外包，就稱為「眾包」。

在網路時代，誰都能透過眾籌模式成立一家公司，而這間公司可以拓展到很大，員工卻仍維持很少。然而正因為處在網路時代，「神隱企業」很難成功，想創大業、賺大錢，就必須找出產品或服務的目標客群，像「小米手機」一樣融入到「社群」當中。要讓消費者知道你在乎他們，並且將意見實際反饋在產品或服務上。

也就是說：你必須成為社群的一份子。每個人的社群都不同，並要從社群當中找出你的「團隊成員」、「目標市場」、「合作夥伴」和「贊助人」。

那麼，該去哪裡找「社群」（目標客群所形成的社群）呢？答案是：「網路」。一般的銷售模式是「一對一」，如果你能公眾演說，就變成「一對多」，但是如果你能發揮網路的力量，那麼就是「一對無限大」，如果網路操作得好，就可能有相當多的群眾能為你的產品或服務進行免費宣傳。

因此，你必須在網路上找出社群，融入社群，甚至從社群當中找到你的團隊成員，就可以讓社群自動發揮「五眾力量」（也就是眾籌、眾扶、眾包、眾銷、眾創），乃至於「N眾」的力量。五眾乃至於N眾，都是藉由不同的網路社群，自由地聚集具有不同興趣或專長的群體，透過網路的連結，形成一種新的價值鏈。以下說明何謂「五眾」：

「五眾」之一的「眾籌」，如前述，指的就是透過網路平臺向社會群眾募集資金，能更靈活、高效率地滿足創業的融資需求，是一個拓展融資的新管道。

「眾扶」，指的是彙集眾人的力量來推助創業，透過政府和公益機構的支持、企業援助、個人的互助等多種方式，共助小企業和創業者成長，建構創業發展的良好生態。

「眾包」（crowd sourcing），指的是將工作外包給廣大的網路群體，借助網路等手段，將傳統由特定企業和機構完成的任務轉向自願參與的所有企業和個人進行分工，最大限度地利用大眾力量，以更高的效率、更低的成本開拓創新、便捷創業。因此現代很容易產生員工很少的大公司，例如，美國有許多電話客服工作都外包給印度或菲律賓，因此你可以聽到客服人員說著具有當地口音的英文。

「眾銷」，指的是在網路上找出願意幫你銷售的人。他為何願意幫助你銷售？很簡單，因為你讓利給他、給他好處，讓他覺得你的產品或服務不錯，他就會願意幫助你銷售。

「眾創」，指的是彙集眾人的智慧來創新，透過創業、創新的平臺，聚集社會上各類的創新資源，能大幅降低創業、創新成本，使具有科學思

維和創新能力的人都能參與創新，形成大眾創新的新局面。

也就是說，當你欠缺「　」，就可眾「　」，空格裡就填上你所欠缺的資源，你所欠缺的一切，在網路上尋找就對了，眾籌能使你有效解決各種問題。例如，中國大陸有許多的眾籌提案，他們想籌募的並不是金錢，而是找出社群、融入社群，或者籌募其他所需資源。

另外，你還能夠尋求所謂的「威客」（Witkey），Witkey是由wit（智慧）與key（鑰匙）組合而成的合成字，其實就是「The key of wisdom」（智慧之鑰）的縮寫之意。指的是在網路上「販賣」自己的智慧、知識、能力與經驗的人，他們往往能透過網路解決很多科技、工作、生活與學習上的各種問題，從而體現出他們的價值。

想要將自己的產品或服務進行「眾籌」，需要瞭解實作的眉眉角角，如果你有一個眾籌提案，然後自己在網路上建構了網站操作，無論你是申請網址還是開部落格，成效通常還是不彰，因為現在的網站已經多如天上繁星，你的網站在網域當中，就只是再多一顆星星而已。

創業需要「人脈」與「平臺」，也就是需要建構出所謂的「創業生態圈」。

「人脈」要如何變成「錢脈」？答案是：持續地為他人提供價值，就能提高自己的價值！你的產品或服務是獨特的、具有情感的，同時還能滿足消費者的自我價值，那麼恭喜你，你的產品一定賣得出去！

可能有人會有疑問，為什麼自己沒有人脈呢？因為你不能為他人提供價值，而人脈是從個人價值所建構起來的，當你具有提供價值的能力時，人脈自然而然就會來。

如果沒有「人脈」與「平臺」，要創業必定是步步維艱。目前臺灣成效最好的組織是「王道增智會」，其能給予創業者、眾籌者強大支持的力量。

王道增智會於2015年12月19日、20日已在臺灣圓滿結束了第1期眾籌課程，2016年8月6日、7日即將舉辦第2期。在中國大陸，至今已舉辦了

22期眾籌課程，此眾籌班的特色在於學員當場撰寫眾籌案，筆者當場進行點評與優化，加上此班現有的眾籌平臺網站當場收案，當場就能組建起一支團隊。而在臺灣的第1期眾籌課程上已成功有團隊申請公司。

透過王道增智會課堂上的機會交流，欲創業者可能就在其中找到投資的股東或者共同創業者，使自己的知識與資源、資金的效益加乘。特別是喜歡結交各界菁英、拓展人脈，或者是有意將自己的理念、產品、作品推廣至中國大陸的朋友，因王道增智會擁有逾30個中國大陸各城市的實友圈組織，包含了4個省市委書記均為會員，可大幅增強你的人際領域與工作半徑。

因此，筆者旗下的王道增智會會員們可輕易地將產品或服務開展至大陸與港澳地區，相當於將自己的銷售力道加乘數倍。擁有對的平臺、朋友與貴人，其實並不如創業者所想的那麼困難，問題只在於有沒有找到「對的社群」。

5-3 如何設計眾籌提案？

先謀而後動，方能把握全域，後勢待發。誰都想得到來自上帝的獎勵，但是，成功的大門永遠只為那些做好準備的人敞開。

在設立眾籌提案之前，我們必須要對提案做一個完整的規劃。

設計眾籌提案時的六大關鍵

1. 尋找眾籌提案的亮點

想成功運作一個眾籌提案，我們首先要參考眾籌平臺網站上的各種成功眾籌提案，找出你自己的提案亮點，將其獨創性充分發揮，突顯出最大優勢。

那麼，什麼樣的提案容易受到大眾關注呢？首先，提案本身要具有創意或者擁有獨一無二的特色。例如，科技類產品中的可穿戴設備，予人生活便利的設計理念，許多人都會抱著嚐鮮心理而願意贊助。

其次，提案創意要符合社會潮流，例如，中國霧霾污染嚴重，隨著呼吸道疾病的擴大，眾籌提案也多推出強化的空氣清淨機等產品。臺灣在食安風暴之後，人們越來越關注食材與添加物的安全，這股熱潮也越發讓與天然、環保等議題相關的眾籌提案展現出亮眼的成績。

除了上述的類向特色和社會話題，心靈層面的滿足也逐漸成為眾籌提案不可或缺的重要因素。隨著經濟發展，物質生活水準的提高，群眾尋求心靈層面上的安穩也越加明顯。例如，許多人不再將精力放在改善自己的生活上，而更願意去幫助那些物質匱乏的人們。在這個過程當中，不僅顯露出了贊助人良善的一面，讓受到幫助的人們感受到社會溫暖，這股正能量更為社會注進了一道暖流。眾籌平臺上發起的諸多愛心公益提案，就適

時地結合了熱心群眾的力量，為社會上的弱勢群體解決其生活上的困難。

2. 確定眾籌提案的目標群眾

眾籌平臺能使目標群眾（即產品或服務的核心消費者）更精確地找到、看到提案發起人的眾籌案，提案發起人可在過程中準確定位市場與改善行銷方案，確保更好地完成之後的推廣。

在明確目標群眾之後，可以採取名人效應等產生有利的傳播。例如，明星作為眾籌提案代言人可加強後續贊助人的信任，名人效應也可有效再擴大粉絲族群，增加贊助人數。

2015年5月，著名鋼琴家郎朗攜手「上海市慈善基金會」與「世合理想大地」，共同發起慈善義演音樂會眾籌案。音樂會所得款項將全部用於治療罹患白血病、先天性心臟病、地中海貧血等重症疾病的兒童。

該眾籌提案於2015年5月27日發起上線，目標籌集資金是50,000元（人民幣）。提案發起後，至6月11號，已經籌集資金51,883元，超過了目標門檻100%。到了6月19日，舉辦音樂會的前一天，共籌集到了資金103,817元，達成了預訂目標的208%，贊助人數為510名。

圖5-2 ▲ 「郎朗慈善義演音樂會」募資頁面

此音樂會眾籌提案將目標族群鎖定在郎朗的粉絲與熱愛公益、關注兒童健康的善心人士身上，發揮郎朗的名人效應與人們的愛心，順利完成了預定目標208%的籌資金額。

3. 設定合理的募資金額門檻

目標金額門檻設定的合理與否，將直接決定眾籌案是否成功。多數提案發起人可能覺得目標金額越多越好，然而事實並非如此。如果提案目標金額過高，可能導致提案中所設立的回報物品與資金的落差，或者潛在人群不足以支撐起整個眾籌案的預期人數等情況，最終導致籌資乏力。

在臺灣，一個眾籌提案的募資目標金額大約落在100,000元（新台幣）至1,000,000元之間，是否能合理設定目標金額，對於提升眾籌案的成功率有著關鍵性的影響。據美國眾籌平臺資料顯示，成功率最高的提案目標金額約落在1,000美元（約台幣34,000元）至9,999美元（約台幣340,000元）之間，成功率最低的提案目標金額平均在100萬美元（約台幣3,400萬元）以上，由此可看出，金額越高，提案的成功率也就越低。

提案發起人通常會根據實情評估完成回報所需要的固定成本（產品、必要開銷）與變動成本（回報物品數量或運費）、以及預期可達到的目標人數，並根據執行提案的最低限度列出一個保守的最低募資金額。較低的目標金額，比較容易在籌資期限內達成，如此不僅能繼續籌集更多資金，還能激發更多的潛在支持者，如此才是有效幫助眾籌提案募資成功的關鍵。

當然，高目標金額也不是不能設立，如果你的提案創意夠新穎，題材突出，又有一定的媒體焦點，不妨嘗試一下。一旦成功，不僅日後資金無虞，眾籌平臺更會大力為此案宣傳，增加其網站與提案的共同曝光度，可說是一舉兩得。

4. 設定合理的贊助金額

根據「flyingV」平臺的眾籌提案分析，一般提案的贊助金額落在100

元（單純贊助）至10,000元（新台幣）之間，隨著回報贈品的價值不同，也有提供超過100,000元的贊助選項。

在確定目標客戶群的過程當中，可以對其做較深入的層次分析，結合提案本身的特色與設立的目標金額門檻，設置合理的贊助金額選項。

在訂立金額時，要充分考慮贊助人的心理接受底線，除了特定的核心群體，對於每一個金額的設置都要以儘量促使潛在支持者更容易作出贊助的決定為前提。絕對不能因為金額過高，導致支持者們望而卻步，影響提案的籌資進度，進而導致眾籌的失敗。

5. 設定合適的回報方案

作為眾籌的提案發起人，目的就是為了回報（籌得資金等所需資源）。因此，提案發起人在發起眾籌案之前，一定要將自己對贊助人的回報方案設定好，特別是設定為物質回報的選項，提案發起人要根據自己的提案情況及預定盈利多少等，設定好給贊助人的物質回報方案。既要讓贊助人覺得有利可圖（有物品可以拿），更要保障提案發起人自身的利潤。

在設定回報方案的內容上也要充分考慮客戶群的需求，適當給予回報，不能為吸引或滿足客戶需求，而不考慮後果地給予過高回報，否則勢必造成物極必反的結果。

國外曾有一個眾籌提案，其高額的回報率吸引了眾多贊助人支持。提案雖然因此快速順利地達成並啟動了，但最終的實際收益卻不足以支付當初預期方案中設計的回報額，以至於兩年之後仍無法兌現預期的承諾回報，贊助人怨聲載道，提案發起人也難以收拾後果，使得原本可以漂亮完成的提案成為一個棘手的大麻煩。

6. 提前設定預備方案

在實際狀況中，有時會出現提案成功籌資之後，卻未能如期交貨或者無法生產的尷尬情況，為了降低此種情況所產生的不良後果，提案發起人應在發起文案上寫明「可能風險」，讓贊助人能夠瞭解未來可能發生哪些

不可預計的狀況，而能理性對待可能發生的不樂觀情況。

若因發生某些特殊情況而導致交期短暫延後的狀況，提案發起人須及時與贊助人聯繫，積極告知提案近況與延期的原因。如果發生產品或服務真的無法交付的尷尬情況，提案發起人應該與贊助人溝通協議，及時退款或者贈送一些小禮品以作為對贊助人的補償。

為了規避這種情況的發生，眾籌平臺也可以發揮其監督者的作用，例如，規定提案人的文案加入「展示樣品」、提供追蹤提案並定時發布提案進度的服務等方式來維護贊助人的權益。

前期規劃是眾籌案成功至關重要的一步，每個提案發起人都必須高度重視，合理地做出適當的設定與安排，為眾籌案的成功加強實現的機率。

眾籌提案的落地實作原則

當你要準備撰寫一個眾籌提案時，你需要注意的是什麼？

首先，一份詳盡的眾籌案需要有以下主題作為貫穿：

（1）價值主張：族群在哪裡？產品在哪裡？夥伴在哪裡（生態圈）？

（2）價值傳遞：通路在哪裡？如何和客戶溝通？如何建立客戶口碑？

（3）價值實現：清楚成本、清楚收入、建立壁壘（別人為什麼不能輕易模仿你？）

一份優秀的眾籌提案，必須描述它的價值主張是什麼？價值傳遞方式是什麼？價值實現方式是什麼？並具體闡述細節。因為行銷本身就是「價值主張」、「價值傳遞」與「價值實現」，有了「價值」，你才能去談「價格」，不能只是以「賣方觀點」來做產品介紹，而是應該站在「買方觀點」上思考。例如：客戶是誰？（對象是公司：B2B，對象是最終消費者：B2C，或者是B2B與B2C並行）、你和誰收錢？他們為什麼願意購買？對顧客的價值在哪裡？能夠解決顧客的痛點嗎？能夠讓潛在顧客更快樂嗎？等問題。以下為說明：

1. 主標題與副標題

主標題代表了此提案的原點精神，也就是「魂」，說明你進行眾籌的目的是什麼？因此，主標題與副標題要能點出「核心理念」與「原點精神」，一般來說，最大的錯誤就在於一開始的大標題上就闡明了產品或服務。對即將發起的提案做一個簡單介紹，讓贊助人能在最短時間內對提案有一個大略的瞭解。

避免一開始就闡明產品或服務是什麼？而要闡明你的核心理念、原點精神，原點精神要具有理想性色彩，充滿了熱情，或者是你非常關懷某個社會狀況，點出這樣的理念，才能抓住閱覽者的「魂」，符合「原點精神」，再將產品或服務的內容放在後面敘述。

例如，有許多業務員都會犯的錯誤是，他是一個產品「解說員」，而不是一個「業務員」，花很多時間解說產品內容，這是最大的錯誤。

2. 目標族群有何痛點？

思考你的目標族群為誰？加重他們的痛點，闡述你將用什麼方式去解決他們的痛點。

3. 產品或服務介紹

闡述自身的產品或服務是什麼？它們的亮點是什麼？與他人不同之處又在哪裡？做具體詳細的描述，包括產品的創意、品質、意義等，讓贊助人對你的產品產生認可，從而產生贊助資金的意願。

4. Why me？

闡述為什麼這一件眾籌提案是你來做，而不是別人來做？

5. 團隊介紹

闡述你的團隊背景與優勢。

6. 募資計劃與募資用途

訂立你的募資目標金額門檻，說明你想要籌得多少資金？說明你打算

用這筆資金做什麼？一般來說，眾籌平臺上是實行「全有或全無」制度，如果達成門檻，便啟動此眾籌案。在達成募資門檻之前，眾籌平臺會將目前所募金額保留，如果最後金額未達門檻，平臺便會將所募資金全數退還給贊助人。如果超過原先設定的募資金額門檻，提案發起人就可以獲得所有已募得的金額。

7. 回報方案或預計的投報率

訂立回報方案，也就是贊助或投資金額項目以及所能獲得的回報物品，金額從少量至大量循序訂立。例如，有些產品提供較高的金額項目，目的是徵求地區經銷商。

此外，具體分析或預測產品未來的銷售情況，設定好幾個層級的回報方案。這是投資人決定是否投資的直接依據，回報方案可以多設定幾個層級，以方便投資人以不同的投資額度進行投資。產品或服務的定價也關係著未來的市場和利潤，這一點讓投資人瞭解到，投資人也會對產品的未來有一個初步的判斷。

8. 商業模式可產生什麼樣的生態圈？

所謂的「生態圈」，指的是你如何與你的消費者以及上游、中游、下游結合在一起，你必須闡述與說明自己的生態圈為何？以及上游、中游、下游的關係如何運作？

例如，中國大陸有所謂的美髮、美甲聯盟（上游，如：創投或者「克麗緹娜」），他們推出了到府服務，只要美髮、美甲業者（中游）加入聯盟，有消費者（下游，如：家中的女性）需要服務，聯盟便會通知業者派人到府服務，而聯盟將抽取業者業績的3成作為佣金。

此可產生兩個效果，其一：將業者與相關廠商聚集在一起。其二：可吸引創投，因為此種模式「可複製」。中國大陸有7大國際級城市，200多個省會及城市，700多個地籍市，加起來超過1,000多個城市。也就是說，只要這個模式在某個城市成功了，便很容易複製到其他城市，而創投

思考如果這個模式能套用在各個城市上，便能產生巨大的利潤，因此創投就願意投資。

你可以會有疑問：我不是在「眾籌」嗎？為什麼還要找創投？答案是：如果有創投願意投資你，那麼除了你能有創業資金、有薪水之外，還能讓你的公司制度化。

9. 曝光管道

將需要眾籌的產品或服務發布在平臺上之後，就需要進行推廣。而相應的曝光管道包括在臉書上推廣或者與媒體合作等，都需要在前期設計好，在眾籌平臺上予以公開，讓潛在投資人看到。

產品的推廣和行銷與後期產品的收益與盈利密切相關，而收益和盈利都關係到投資人的資本是否能夠收回。

10. 相關風險

眾籌案並非一般的銷售，有許多產品在未生產的階段就會以眾籌方式先進行籌資，所以帶有一定的風險性。任何提案都會有風險存在，因此在眾籌提案中，必須將風險提前告知贊助人。風險告知，即是對贊助人的保護，也是提案發起人自身的誠信問題。不能因為害怕失去贊助人的支持，而不主動提及提案風險，否則，一旦出現風險，害人害己。

模仿為成功之母，你也可以參考「flyingV」平臺上成功的眾籌案，若外語能力不錯，更可以參考國外最大的眾籌平臺「Kickstarter」。如果你的眾籌提案不想多花錢的話，可以嘗試利用照片或圖片，搭配文字說明，製作成影片，加上背景音樂，這就是最簡單的一個眾籌提案。

產品介紹——如何快速打動人心？

以回報式眾籌作為說明，回報式眾籌即是以產品預售的形式，在網站上透過產品介紹，讓閱覽者對提案主題充分瞭解，從而贏得贊助人的支持，最終促成眾籌案獲得成功。

毫無疑問，「產品」是連結提案發起人和贊助人的重要關鍵。但是在

眾籌案開始進行，在贊助人真正拿到回報的產品之前，贊助人唯一能瞭解的管道就是眾籌提案網頁上的產品介紹。也就是說，想獲得閱覽者的支持，產品介紹能發揮的效果不容忽視。

那麼，該如何介紹產品才能打動閱覽者，促使他們贊助支持你的眾籌提案呢？以下從四個重點進行闡述：

1. 產品的整體介紹

作為回報式眾籌的預售產品，提案發起人做產品介紹時，一定要標明產品材質、產地、售後服務、生產廠商、產品性能等基本資訊，讓閱覽者有個基礎的瞭解。雖然預售的產品多數都還在研發、生產階段，資訊不見得完整，並非要你詳細地描述，但是產品的優勢與自身的特色等資訊仍必須詳盡說明，因為這些都是產品的亮點與獲得閱覽者支持的關鍵。在文字表述時，注意簡捷有力，不冗長，同時必須強調重點。

2. 產品的注意事項

不同產品擁有各自不同的特點，因此在產品描述上肯定不盡相同。但是，所有進行眾籌的產品都具有一個共同目的，那就是吸引閱覽者的注意力，引起他們對產品的好感與贊助興趣。以下結合實際案例具體說明：

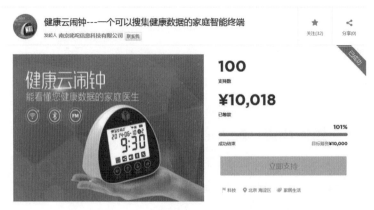

圖5-3 ▲ 「健康雲鬧鐘」募資頁面

2015年8月7日，在眾籌網上有一個叫做「健康雲鬧鐘」的眾籌提案上線。提案的目標金額款項是籌集資金10,000元（人民幣），期限是2015年9月21日。此提案截至9月8日，提案支持人數為100人，募集款項達到10,018元，支持率達到101%。

◆描述產品的亮點

一個產品最吸引人的是產品能給使用者帶來什麼好處，也就是你的產品的亮點在哪裡？作為眾籌提案的發起人，在描述產品時，一定要將產品最吸引人的地方強調出來，讓人們看到你的產品能夠眼前一亮，覺得這個產品正是自己需要的、能夠解決他的痛苦，或者帶給他快樂。如此，他才會有意願支持你去開發生產這個產品，達到眾籌融資的目的。

在案例中，「健康雲鬧鐘」的描述是這樣的：

「它是一個可以搜集健康資料的家庭智慧終端機，自動連接到血壓計、血糖儀，一鍵把每次測量的結果發送給您的家人和我們的健康顧問，同時能語音播報健康團隊的指導意見。」

幾句簡單的描述，將這個終端的智慧功能產品做了一個準確的描述，同時，「自動」和「一鍵」兩個關鍵字將產品的亮點——解決高血壓、血糖患者的家庭成員和醫生對其病情無法做到時時掌握的難題表達了出來。

◆針對目標族群

無論是什麼產品，都不可能滿足所有的消費者需求，都有自己的特定目標族群，特別是需要借助眾籌來完成的產品，基本上都是為了滿足某些特定人士的需求。那麼，提案發起人在描述產品的時候，就要針對目標族群進行有溫度、有個性的描述，將目標消費者的需求放大來描述，讓這些人感覺這個產品就是為自己量身打造的。如此，目標族群中的人就會積極地來支持你完成這個提案的研發或生產，成為此眾籌提案的潛在贊助人。

在「健康雲鬧鐘」提案介紹裡，有一句描述是：「鬧鐘變身為父母身邊的小護士。」直接將產品的目標族群——家裡有「年邁雙親」的子女心

情說了出來，並以「小護士」這樣親切溫馨的名詞，激發起為人子女的閱覽者去關注這個產品。

◆圖文並茂地描述產品

提案發起人在描述產品時，一定要能圖文並茂。一方面，在現在資訊爆炸的時代裡，純文字的畫面容易使人失去耐性，並且多數人已經對文字不感興趣；另一方面，色彩鮮艷的圖片在予人視覺衝擊時，也能讓人們對產品產生更直接的印象，閱覽者能夠看到自己贊助的產品是一個什麼樣的東西，並且在腦海裡留下記憶，產生期待。

◆更接近目標群眾的描述

眾籌提案的發起人在描述產品時，要注意重點在於能讓人看得懂、聽明白。因為提案要面對的贊助人多數都是一般群眾，太過專業的敘述，人們不好理解，也就容易失去了興趣。特別是科技類產品，許多在業內或許很常使用的術語，在一般人讀起來也如天書一般。

因此，提案發起人在描述產品的性能特點時，要儘量使用通俗的說法，貼近群眾內心。要能將專業的說明用最平實的言語表達出來，讓人們明白你在說什麼、知道你在做什麼樣的產品就可以了。

例如，上述的「健康雲鬧鐘」是一個高科技的智慧終端機，但是，在產品描述裡並沒有什麼太過專業性的術語，人們看到的只是這個產品能對血壓、血糖病患產生什麼幫助，答案就是：產品具有能作為病患的貼身小護士功能，以及能給病患及其家人、甚至醫生帶來的便利性。

3. 產品介紹時，務必提出可能風險的告知

在做產品介紹時，如果只注重產品本身能帶給贊助人的好處與利益，而從未告知具有某些風險的話，容易讓閱覽者產生疑慮與不信任感，這會讓產品介紹顯得不完整。

假設最終產品真的因出現一些不可抗力的因素而必須延長交期，甚至無法生產的情況時，都會給你的產品聲譽造成極大的負面影響，特別是現在是一個資訊流通相當快速的時代，惡事幾秒就能傳千里。

因此事前告知贊助人未來可能發生的風險，就是為產品買了一份保險，給產品介紹加了一道安全鎖，這是特別需要注意與重視的環節。

4. 更加新穎的產品描述

在描述眾籌提案的產品時，文字加上圖片的描述，基本上已經能夠讓多數人對產品有一個整體的瞭解。但是，如果能在此基礎上，再加上音訊或者影片的展現，就能更為你的產品加分與留下印象，進而提升閱覽者的贊助率。

當然，介紹產品時會因為種類的不同而有不同的描述法，但是，無論哪一種類型的產品、什麼樣的描述方式，你的最終目的，就是要能打動閱覽者，將資金贊助到你的眾籌提案中來。

回報方案或預計的投報率──如何更具吸引力？

投資，就要有回報，對於眾籌提案的贊助人也是一樣。因此，提案發起人在發布眾籌案的同時，就要將回報方案設計好，連同提案介紹，一起於眾籌平臺上線。

那麼，眾籌提案的回報方案該怎麼設計才能更具有吸引力？該怎麼做能獲得更多的贊助人認同並支持呢？

1. 以榮譽或獎勵方式作為回報

一般來說，對於公益型的眾籌案，基本上較少有物質類的回報方案，但是，精神層面的回報是可以有的。例如，對於贊助達到一定金額的贊助人，授予榮譽證書或者受幫助者手寫的感謝卡等方式作為獎勵。因為多數公益型眾籌案的贊助人在意的並不是物質層面的東西，因此，具有精神層面的回報更能吸引他們。

2. 以股份的方式作為回報

以股權式眾籌來說，基本上就是以股權作為投資人的回報。具體方式，可以是直接購買公司股權，也可以是期權，採取什麼樣的方式，必須根據提案的情況決定。在所有的眾籌類型中，股權式眾籌屬於最複雜的模

式，它將面對公司架構、股權分配、分紅、管理等一系列專業問題。因此，以股權作為回報的眾籌提案，在設定回報方案時，必須盡可能地詳細，以免後期發生糾紛。

3. 以預售的債券作為回報

預售債券可以說是債權式眾籌獨有的回報方式。在中國，債權式眾籌的模式主要是P2P，它以利息加本金的方式作為對投資人的回報，因為收益率較高，可以吸引一部分投資人的關注。但是，作為債權式眾籌的發起人，在設計回報方案時，一定要考慮風險所在，並在回報方案中描述出來，以避免後期引起不必要的紛爭。債權式眾籌的風險性相當高，因此也不建議投資。

4. 以產品作為回報

回報式眾籌一般都是以產品作為回報，根據產品種類的不同，可以分為多種，在此簡單介紹幾種類型：

（1）具創意的實體產品類

一般來說，具創意的科技類產品，多會將產品直接作為對贊助人的回報，因創意類產品本身就是吸引人們的一個最大亮點。如果產品夠酷、夠炫，能夠滿足人們需求，強化人們想得到它的感受，當然最好的回報就是直接以產品作為回報。

這樣的眾籌提案在產品描述中，一般會把產品自身的特色和功能描述的較為詳盡，讓人們瞭解、想像這個產品的好處。如此，以產品作為回報，就能順利得到贊助人的認可與支持。

（2）音樂演出類

音樂演出類的眾籌提案，一般會以門票作為回報贊助人的方式。要以演出的門票作為回報的前提是：音樂作品或演出必須對贊助人是具有強大的吸引力的，一般來說，音樂、藝術領域的名人會以這樣的方式作為眾籌提案回報，或者是做一些公益類向的眾籌提案。

（3）出版展覽類

文學、藝術領域的人士，往往會發起展示自己作品的眾籌提案，藉此提高自己的知名度，同時將作品推向更大的市場。在這種情況下，提案發起人多會以幾的作品作為回報。當然，這樣的回報方式會根據贊助人的贊助金額有所限制。

以作品作為回報方式的眾籌提案發起人，在設定回報方案時，要在方案中明確的界定自己的作品價值與贊助金額的多寡，避免引起贊助人的誤解。

也有文學藝術領域的人士想透過眾籌出版自己的作品，同時將自己的簽名作品作為對贊助人的回報。如果提案發起人對自己的作品有自信，認為作品有市場價值的人，便可以採取這樣的方式。

（4）商家活動類

商家活動類的眾籌提案，一般會以商家的免費使用和低價租賃作為回報的條件。也有的商家會將贊助人的參與經營作為回報的條件之一，這樣的回報方式對贊助人的吸引並不比實際的物質回報低。

圖5-4 ▲ 「讓我們一起開書店」募資頁面

2014年7月22日，一件名為「讓我們一起開書店，尋找屬於字裡行間的人」的眾籌提案在「眾籌網」上線，內容是創建一家喝咖啡與閱讀的實體書店，目標籌集資金500,000元（人民幣）。直到2015年8月6日，共完成1,392,104

元的籌資金額，獲得190人贊助。在他們的回報方案中，支持20元，就可以得到30元的咖啡券和價值20元的一本食譜；投資20,000元，就能與公司簽訂合夥人協議，參加公司合夥人會議。

此眾籌案的籌資金額不小，但卻在短短的14天內，就達成了目標金額的279%。從這一點可以看出，參與經營的回報方案對贊助人的吸引力要比具體的物質回報要大。

無論是哪一種類型的眾籌模式，在設計回報方案時，都要事先釐清提案的優勢和亮點在哪裡？這個提案能夠給贊助人帶來什麼？作為贊助人，能夠從你的回報方案中得到什麼？你給予贊助人的回報物品是否是他們真正想要的？將這幾個問題弄清楚了，在制定回報方案的時候，就能夠有的放矢，針對贊助人的需求與提案的特點設計出具體、合理，並能夠吸引贊助人的投資方案了。

如何在眾籌平臺上發起提案？

有好的規劃，好的提案，適合的眾籌平臺，對於提案發起人來說，可謂是「萬事俱備，只欠東風」。那麼，東風指的是什麼？就是在眾籌平臺上發布提案，使你的理想成為現實。

簡單來說，以「眾籌網」為例：在註冊網站之後，完善你的個人基本資訊之後，開始依序填寫「選擇你的身分類型」、「創建你的項目信息」、「描述你的項目詳情」、「設置你的回報信息」四大步驟，步驟操作完畢之後，透過審核，提案才能成功發布在眾籌平臺上。

以下說明如何在「眾籌網」上完整地發起一個提案：

「眾籌網」實際操作說明

1. 用戶註冊，成為網站一員

想發起一個提案，首先需要註冊，成為「眾籌網」的會員。具體來說，先進入「眾籌網」網站，點擊右上方的「快速註冊」，便能進入註冊頁面。

圖5-5 ▲「眾籌網」註冊頁面

一般來說，中國大陸用戶使用手機號碼進行註冊，臺灣的提案發起人也可以使用「郵箱註冊」。如果你想使用其他方式進行註冊，「眾籌網」也可以透過合作帳號的模式，例如，使用微信或者QQ來完成註冊。以下以「郵箱註冊」的模式進行。

操作時，根據圖中白色欄位的提示，輸入e-mail與密碼，點擊「註冊」之後，網頁上便會出現「已發送啟動郵件到『你的信箱』，請您進入郵箱中點擊驗證完成註冊」訊息，點取「去信箱啟動」按鈕，網頁便會連結到你的信箱。

當開啟信件，就完成了註冊。（注意：一般同意之前，「眾籌網」都會預設對方已經閱讀並同意使用者註冊協定，此協定具有法律性質，須註冊方認真閱讀並做詳細瞭解）。

2. 完善「個人設置——基本信息」

為了提升提案成功率，可以在個人設置欄中建立屬於自己的特色檔案。例如，可以取一個「用戶名」，在「網址」一欄填上企業官方網站，在「個人說明」中也可以加入自我介紹的資訊，也能上傳自己喜愛的大頭貼。

3. 點擊「發起提案」：填寫身分類型與選擇項目類型

圖5-6 ▲ 「眾籌網」選擇身分與項目類型頁面

填寫好個人或機構的基本資訊後，就可以根據自己的提案，選擇「要創建的項目類型」。選擇完畢後，點擊進入「下一步」。

4. 填寫「創建你的項目信息」

圖5-7 ▲「眾籌網」填寫項目信息頁面

在此部分，進行眾籌提案的封面設置，填寫「項目標題」、「籌款目的」、「項目金額」、「籌資金額」、「籌資天數」，並選取適合自己提案的「推薦標籤」。

在填寫提案資訊的網頁中，發起人需要根據每一個標題灰色字體的提示進行填寫動作。例如，第二個欄位中的「項目標題」不能超過40個字，第五個欄位中的「籌資金額」不少於500元（人民幣），第六個欄位「籌資天數」必須在10至90天內，須注意以上限制。

值得提案發起人注意的是，「項目標題」的填寫也至關重要，提案是否能吸引眾人眼球，閱覽者是否會有興趣點擊，與此關係非常大。在眾籌案的資訊當中，如果提案具備足夠的創意和亮點，還可以透過影片加強宣傳，結合影片的傳播力、活潑力、行銷力和成交力四大優勢，能帶來與眾不同的動態介紹。

在填寫「籌資天數」時，提案發起人需要瞭解眾籌模式規則，即是一旦到了截止日期，如果募集資金沒有達到目標金額門檻，此眾籌提案即算失敗，所有原先贊助提案的款項也將歸還給贊助人們。同時，只要截止日期一到，提案支付功能也會立即關閉，即使還有人對提案感到興趣，也無法再進行贊助。

填寫完畢後，點擊進入「下一步」。

5. 填寫「描述你的項目詳情」

圖5-8 ▲ 「眾籌網」描述項目詳情頁面

在此頁面，你可以放上你的「宣傳影片」，並做「添加文本」或「添加圖片」的動作。

在「編輯你的項目詳情」裡，於「請在這裡輸入段落的標題，可點擊右側『添加文本』添加多個！」的欄位上，你可以填寫「介紹自己」、「介紹項目內容」、「為什麼需要大家支持」、「項目進度」等提案資訊。

於「為什麼我需要你的支持與資金用途」的欄位上，填寫「你的提案不同尋常的特色」、「為什麼需要大家的支持以及詳細的資金用途」，這會增加你的提案可信度與增加成功籌資的機率。

於「可能存在的風險」的欄位上，填寫「你的提案在實施過程中可能存在的風險」，這能讓閱覽者對你的提案有全面的瞭解與認知。

填寫前，提案發起人可以參考欄目中給出的建議，這些建議都能有效幫助發起人更好地完成眾籌案的填寫。如果發起人希望做得更加完美，還可以透過瀏覽大量的成功眾籌案例，學習他們的撰寫方式和特色，吸引更多閱覽者的注意，這些做法都能幫助你的提案更快獲得成功。

填寫完畢後，點擊進入「下一步」。

6. 填寫「設置你的回報信息」

圖5-9 ▲ 「眾籌網」填寫回報信息頁面

回報信息即是我們要以什麼方式回報給贊助人，這部分的設計和填寫也同樣在很大程度上決定潛在目標是否支持我們。回報信息是讓用戶支持你的提案，你給予一定的回報內容，可以是具體實物，也可以是虛擬訊息。

在填寫這部分內容時，須注意以下幾個關鍵：

（1）回報案型的設置

提案發起人在設置回報方案時，回報的案型最好設置3個以上，多一點的回報案型，能給贊助人提供更多的選擇，進而提高提案的支持度。在發起提案的初期，獲得粉絲們的支持比獲得籌資金額來得更重要，人氣的

高低將決定提案後期的發展。

　　從0元、幾百元、幾千元、幾萬元，不同案型的設置能讓更多人加入贊助人的行列，使提案在短時間內取得成功。當然，回報的案型也不是越多越好，一方面訊息量過多容易讓瀏覽者產生倦怠，另一方面，過多的案型也會在提案進展的後期帶來更多、更大的負擔。具體來說，一般以3個到6個案型為佳。

　　（2）回報產品的選擇

　　回報產品最好是提案的衍生品，與提案內容有關的回報更能獲得支持。提案發起人可參考頁面中「溫馨提示」的提醒。

　　（3）回報時間的選擇

　　規劃提案時，結合產品實際上的生產進度，設置合理的回報時間與交貨期。回報時間既是對支持者的承諾，也是對企業品牌形象的一次考驗，一定要慎重對待。

　　填寫完畢後，點擊進入「下一步」。

7. 填寫「發起人資訊」，提交審核

　　在此階段，填寫真實姓名或機構全名時，這些資訊必須與結款時的銀行帳戶名稱保持一致，因此填寫時務必要仔細核對，以免眾籌成功之後卻無法收到款項，而影響整個提案的進程。

　　在填寫完所有資訊之後，提交平臺審核，就完成整個提案的發布作業了。

　　當提案發起人完成提交之後，「眾籌網」會有兩道審核：第一道是初審關，網站會對文字及圖片進行查驗，另外會根據網站的電子服務協定內容來審核提案是否符合規定，所發布的內容是否屬於允許範圍，一般初審會在當天完成；第二道是複審關，這個流程相對初審更加深入，其透過專業的行業運營團隊進行相關的調查、評估。在這個過程中，通常會對提案發起人的個人資訊真實性進行查核，對提案的可行性進行考察，對回報方案及交付風險等進行評估，多方面地完成對提案的審核，一般需要2到3

天的時間。

如果提案順利透過兩道審核關口,那麼恭喜你,該眾籌提案就正式上線了。

「flyingV」實際操作說明

1. 用戶註冊,成為網站一員

發起眾籌提案之前,需要註冊成為「flyingV」的會員。具體來說,先進入「flyingV」網站,點擊右上方的「登入/註冊」,便能進入註冊頁面。

圖5-10 ▲ 「flyingV」註冊頁面

「flyingV」提供「使用FACEBOOK註冊」、「使用GOOGLE註冊」、「使用WELBO註冊」,使用此三種方式註冊,等同於同意《網站使用條款》。也可以使用「信箱註冊」。當註冊完成之後,便可以進行下一個步驟。

2. 填寫「提案者基本資料」

首先,登入網站用戶。

圖5-11 ▲ 「flyingV」登入用戶頁面

　　接著，進入「提案者基本資料」頁面，填寫你的基本資料。例如：「真實姓名」、「身份證字號」、「e-mail」、「聯絡電話」與「自我介紹」（上限500字）。填寫完成之後，進行下一個步驟。

圖5-12 ▲ 「flyingV」填寫基本資料頁面

3. 填寫「計畫大綱」

　　在「計畫大綱」的頁面，須填寫「計畫題目」、「類別項目」、「預計募款金額」、「計畫摘要」、「希望募資開始時間」，以及選擇「專案封面」。

　　填寫完成之後，進行下一個步驟。

圖5-13 ▲ 「flyingV」填寫計畫大綱頁面

4. 填寫「提案說明」，完成後「送出提案」

在「專題首頁」的頁面，須填上「專案影片網址」（也就是先將製作好的影片放在網路空間）以及「專案內容」、「風險與承諾」。

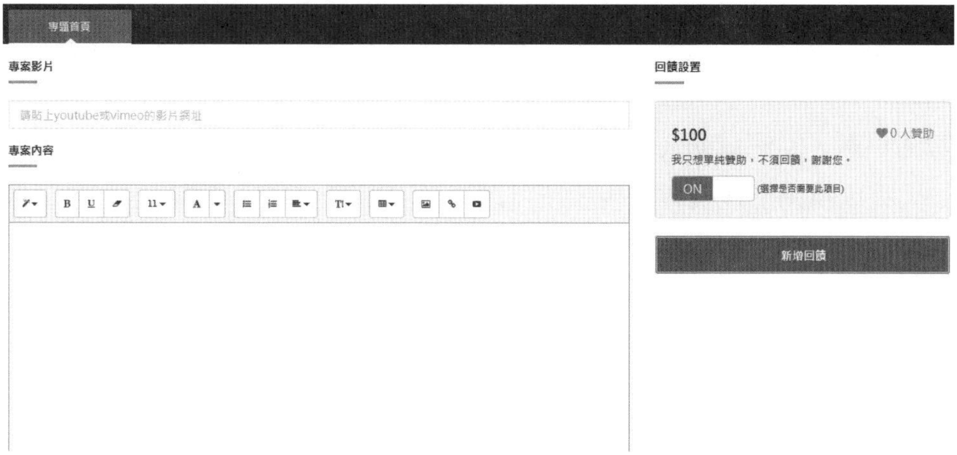

圖5-14 ▲ 「flyingV」填寫提案說明頁面

圖5-15 ▲ 「flyingV」填寫風險與承諾頁面

圖5-16 ▲ 「flyingV」風險與承諾提醒頁面

　　在「風險與承諾」的欄位上，可以描述（1）回饋是否能準時發送？如果可能延遲，會是什麼原因？（2）回饋的設計或規格會變更嗎？哪些部分可能變更？（3）回饋有維修保固或提供退換貨的方式嗎？（4）如果回饋項目包含「活動」，有可能改期或變更地點嗎？若可能，會是什麼原因？（5）任何可能引發爭議的事項原因與對應方法。寫出你對避免風險的規劃，能使贊助人更能放心支持你的提案。

　　完成填寫上述資料之後，便可以「送出提案」進行審核。

　　如果你的提案無法順利在上述眾籌平臺刊登出來，也可以尋求我們的「創易EZBiz媒合募資平臺」，「創易EZBiz」（http://ezbiz.tw/）是一個提供媒合服務為主的眾籌網站。

　　如果你有一個想完成的計畫或是有一個好的idea想募集資金，例如：商品開發、文創、電影、音樂發行、活動或派對、設計、出版等等，「創易EZBiz」能提供一個媒合的平臺，讓你刊登你的提案，向大眾推廣，並

讓認同、喜歡你的提案的人用贊助的方式支持你、助你圓夢。此外，此項服務若是王道增智會會員，則可免費使用。

「創易EZBiz」認為「好的想法不應該被抹滅」，臺灣有著獨特的地理環境與文化，擁有不少好的點子、專利、技術，能為這世界帶來貢獻。因此「創易EZBiz」期許能透過平臺的力量，媒合創意與資源，實現更多產品、計畫和理想，讓臺灣真正走入世界舞台，為人們的生活帶來更多美好。

「創易EZBiz」能讓有著好創意的人能輕鬆尋得資金，更是一個能讓所有想參與或投資好點子的人方便尋找和贊助的平臺。

如何對眾籌提案進行維護？

　　對很多初創企業來說，透過眾籌獲得資金和資源，已經成為獲取成功的一種快速方式。也正因為如此，眾籌在世界上許多地區都有突飛猛進地發展，各種創新的點子也是層出不窮。

　　但是，眾籌和任何事一樣，總是失敗的多，成功的少。對提案發起人來說，把提案發布到平臺上不是一種結束，而是嚴峻挑戰的開始。接下來，他們要做的就是緊盯募資進度，並持續維護和推動提案的進展。

❶ 提案發起人的自主推廣

　　2015年夏天，中國國產動漫電影《大聖歸來》堪稱奇蹟，猴子孫大聖紅翻了天，上映3天內票房就過億，15天內就打破中國國產動畫電影的票房記錄。

　　當多數人在推薦這部電影時，恐怕也不知道這也是一部眾籌電影。在《大聖歸來》拍攝前期，就已經有89名贊助人，籌資7,800,000元（人民幣）。

　　但是與其他在正規的眾籌平臺上進行眾籌的提案不同，《大聖歸來》並沒有選擇在較有知名度的平臺上發布，而是電影出品人在自己的朋友圈中發布了眾籌的消息，將目標對象的範圍集中在自己的熟人之中。

　　對於此案例，「天使匯」創始人蘭寧羽指出：「參與《大聖歸來》眾籌的投資人主要有三類──金融圈的朋友、上市公司的朋友和電影圈的夥伴。是出品人靠著自己朋友圈的個人號召力所集結起來的投資，而正是這些『朋友投資人』為《大聖歸來》的前期宣傳和首周票房貢獻出了巨大力量。」

　　想提案眾籌成功，就必須獲得足夠多人的關注，要做到這一點，就離不開提案發起人的自主推廣。雖然許多眾籌平臺已經具有推廣功能和服務提案，但這並不能成為我們發布眾籌案之後就坐等漁利的理由。事實上，

因為提案數量的龐大以及個別提案的特殊性，眾籌平臺所具有的推廣功能或服務可能無法達到精確推廣的目的。

因此，提案發布之後，發起人一定要進行自主推廣。再者，自主推廣可以有針對性地將提案宣傳給潛在的目標族群，如此眾籌成功的可能性也會更大一些。具體如何推廣，後篇將做詳細介紹。

② 出動親朋好友拉抬募資金額

你想，所有的提案贊助人都是眾籌平臺上的註冊會員嗎？錯了。一般來說，新的眾籌提案在剛上線時，如果沒有人支持或者支持人數較少，就會影響閱覽者的信心。因此，許多提案發布之後，提案發起人都會自主推廣，或者直接向自己的親朋好友宣傳，讓他們支持並幫忙推廣，進而達到擴散目的。在這個過程當中，其實也是有意識地在帶動贊助金額的進展。如此能盡快加速籌資進度，也能增強贊助人的信心。

當然，凡事過猶不及都不好，在眾籌平臺上也不乏一些提案——絕大多數的贊助人都是自己人，正常的贊助人少之又少。雖然這樣不違規、不違法，但是實際上也並沒有達到籌資金、籌資源和推廣擴散的目的。

③ 與眾籌平臺保持良好溝通

既然眾籌提案需要依靠眾籌平臺進行，我們就不能在過程中無視於眾籌平臺。有許多提案發起人在上線提案之前，會和眾籌平臺保持溝通，但等到發布成功之後，就以為剩下的全靠自己的努力了。其實不然，一方面，我們需要和眾籌平臺維持聯繫，以便即時指導提案的進展情況，也方便處理各種突發狀況；另一方面，眾籌平臺能提供支援、　明和推廣服務，但這一切都還需要提案發起人自身的配合，這同樣也需要及時、有效的溝通。

④ 與贊助人保持良性互動

在整個進展的過程中，贊助人對提案的信心也很重要，如果他們持續看好某一提案，那麼他們不僅自己會支援，更會發動身邊的親朋好友一起

支持。

　　那麼，該如何建立起贊助人對提案的信心呢？一般來說，眾籌機制決定了無論是產品或是提案發起人都無法直接面對面地與贊助人交流。而贊助人需要什麼？他們需要能夠親眼所見、親耳所聽，同時他們也會想知道：你是如何花掉他們的錢的？這就需要提案發起人選擇合適的方式，及時與贊助人進行溝通和互動。

　　「Oomi」是一家來自美國芝加哥的公司，2015年，其旗下全新智慧產品「Oomi智慧家居系統」在美國「Indiegogo」眾籌平臺上發起提案。於籌資截止日之後，「Oomi」以1,780,921美元的傲人成績眾籌成功。

　　當然，成功的背後原因有很多，但一定與該公司與贊助人之間的密切互動離不開關係。在提案上線之後，Oomi公司不僅會做好日常溝通與互動，及時回覆贊助人的各種問題，每隔幾天還會與贊助人進行一次深入的交流，告訴他們提案的具體進展情況、公司現在正在做什麼、什麼時候展開閃購活動等等。

　　透過互動，他們始終在傳達一個資訊給贊助人——那就是「我們正在努力推廣提案、生產產品，我們會及時將產品交予你的手中。」這一連串的舉動，不僅讓贊助人感覺自己受到了重視，也增強了贊助人對提案的信心與參與感。

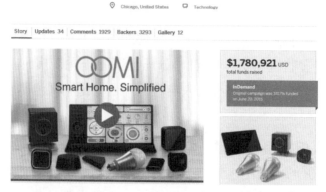

圖5-17 ▲ 「Oomi智慧家居系統」募資頁面

　　沒有任何人希望自己的投資就跟「肉包子打狗一樣，一去不回」，因此，提案展開之後，發起人一定要及時告知贊助人提案進展，讓他們知道自己投資的並不是虛無的空氣，而是一個正在兌現的承諾。

　　此外，僅僅只是告知還不夠，提案發起人還必須與贊助人有良好互動，保持良性溝通。眾籌模式基本都在網路平臺與社交媒體上進行，那麼提案發起人就可以透過這兩者與贊助人進行互動。

　　當然，一個好的提案想得到群眾的支持，需要付出很多，才能與「群眾」建立起連結，並進一步獲得信任，直到他們掏出皮包裡的錢。因此，如果條件允許，發起人不妨也與重要贊助人見上一面，如此將有利於彼此建立起更強而有力的連結。

⑤ 失敗了，何不多次嘗試？

　　你的眾籌提案失敗了？是的，這的確是一件讓人洩氣的事，但也是再稀鬆平常的一件事。提案發起人應該要有心理準備，失敗了就偃旗息鼓、擱置放棄了嗎？顯然不是，此時，你最應該做的就是總結經驗教訓，分析錯誤與不足，然後再次挑戰。

　　在眾籌圈子裡，同一個提案失敗之後捲土再重來的案例比比皆是。

　　例如「Coolest Cooler」。最初，「Coolest Cooler」於2013年在「Kickstarter」平臺上發起了提案，卻鎩羽而歸。但是，失敗之後，「Coolest Cooler」重新設計了產品，更新了外觀，加入了新功能，如USB充電器、可防水的藍芽音響、內置LED小夜燈等等。不僅如此，在回報案型和提案展示的方式上，「Coolest Cooler」也做了調整。

　　透過這些努力，「Coolest Cooler」使自己看起來像是一間有能力生產出優秀產品的「靠譜」公司。最終再次發起眾籌提案，終於獲得成功。

圖5-18 ▲ 「Coolest Cooler」募資頁面

　　當然，再次發起提案也不能盲目操作，為了減少失敗的可能與由此而來的成本、資源和精力的浪費，我們還需要按照以下幾種方式來提高將提案再次發布的成功可能性：

1. 收集贊助人的回饋

　　毫無疑問，產品好不好？為什麼不受歡迎？中間出了哪些問題？這些問題的答案，你的贊助人是最有發言權的。因此，如果提案失敗，並且你打算重新發起提案，那麼最好收集一下投資人的回饋，並作為下次調整的參考和依據。

　　在過程中，時刻提醒自己，贊助人要什麼？市場要什麼？這樣的回饋將使你更有信心再次啟動眾籌。

2. 合理規劃時間，找準時機

　　眾籌失敗的原因有很多，例如：產品不具有市場競爭力、回報方案設計得不合理、推廣沒做到位等等，都有可能導致眾籌失敗。但最讓提案發起人想不到的是：有時候眾籌失敗了，僅僅只是因為時機不對。

　　舉例來說，2015年上半年，中國股市大熱，大多數有些閒錢的人都會投身股市。這時候，如果你的眾籌提案目標族群正好是這些人，那麼你

可能就會失敗。再舉例，通常各種節慶假日的時候，許多零售商和品牌商都會大規模、高力度地搞促銷和各式各樣的活動，這時候做零售類的回報式眾籌也同樣較為不利。

因此，在重新啟動眾籌提案時，一定要合理規劃時間，找準時機，選擇你的目標受眾最有閒錢、並且願意把錢投給你的時候。

3.更換你的平臺

現在許多眾籌平臺都是垂直平臺，或者只做某一類的眾籌提案，有所偏重，這就導致了如果我們一旦選錯了平臺上線提案，就有可能找到較少的目標群眾。例如，「flyingV」目前較偏向社會運動與音樂、公益，嘖嘖則偏向於藝術、設計等類型。因此，在重啟眾籌時，如果確定之前所選的平臺不適合自己的提案，就可以考慮更換一個眾籌平臺。

總而言之，眾籌平臺並不是一種許願池，不是你想要，就能得到，也不是將提案上線之後就等著水到渠成的寶地。相反地，前期的發布上線很重要，後期的維護、宣傳更重要。對於整個提案進程來說，成功上線只是萬里長征的第一步，最終是否能眾籌成功？提案發起人是否定期維護提案以及維護的效果好壞，將發揮最後的決定作用。只有明白了這點，我們才能目標、有規劃地循序推進提案的進程，也才能穩固地走到眾籌成功最後這一步。

筆者將於2016／3／20金石堂信義店龍顏講堂、2016／3／22八德路CLBC、2016／5／7新店台北矽谷舉辦3場簡介式的眾籌菁華課程，讀者皆可免費參與。此外，另有兩次完整的二日付費課程，一次是2016／8／6與2016／8／7，由王道增智會所主辦，詳情可洽詢新絲路網路書店；另一次為2016／5／21與2016／5／22，詳情可洽詢威廉老師主持的若水文創。

5-6 如何推廣和實現眾籌提案？

一個好的提案，一定會受到群眾的歡迎與關注，但是如果該提案在發布之後，沒有受到注目，沒有出現傳播出去的反應，那麼即使再好的提案，成功的可能性也是微乎其微，因為群眾根本就不知道有這樣一個優秀的眾籌提案。

那麼，如何推廣和實現提案，讓更多人參與在其中，並且能在預定時間內達到募資金額門檻，就需要我們借助更多的平臺和資源。

眾籌作為互聯網的新生力量，正在茁壯成長，隨著諸多企業大老紛紛加入，此一新生力量變得更加強壯。在網路時代，互聯網金融模式正在席捲全球，閱聽者面對著每天大量的資訊轟炸，我們無時不刻不被行銷，許多平臺都成為了廣告平臺，每天都出現不同產品的宣傳。作為提案發起人，我們可以充分運用這些平臺，將我們的產品透過各式各樣的方式推廣出去。

那麼，究竟如何宣傳？如何推廣？我們可以透過以下方法：

① 一鍵分享，讓轉發成為一種時尚

網路資訊具有快速傳播的特性，有更多的眾籌提案在網站上發起，並透過網路的媒介進行宣傳和推廣，社群平臺如facebook、Instagram、Line、QQ、微信（wechat）、微博等，和綜合性的網路平臺如google、yahoo、百度、人人網等。

舉例來說，中國大陸的QQ是擁有6億用戶的交流平臺，扮演著資訊傳播的重要角色，QQ空間與騰訊微博等一系列QQ的傳播管道，都能引起眾人的注目。除了QQ，新浪微博也是一個不錯的傳播管道，截至2014年資料顯示，新浪微博的活躍用戶數量可以達到1億多名，成為了中國活

躍度最高的社交媒體。

近幾年，隨著APP軟體應用程式的微信、Line的崛起，更是上演了一場「手機革命」，人們像得了強迫症一樣，每天都得跟朋友Line上幾句，一則資訊在幾秒鐘的時間，就能在無數人的手機上傳播。

眾籌的提案發起人若能多利用這些平臺發布和宣傳眾籌提案的資訊，不僅能實現零成本推廣，還能獲得更多支持者的主動轉發，讓傳播力度不斷地加速、加大。

下面我們看看如何透過「一鍵轉發」，讓資訊在網路上快速傳播。

以「眾籌網」舉例，當我們進入眾籌網，點擊提案標題之後，會出現提案的瀏覽頁面。

圖5-19 ▲ 「眾籌網」一鍵轉發頁面

在回報方案的右方有一個「分享」區塊，其預設的分享平臺有「微信」、「QQ空間」、「新浪微博」。點擊你想分享的平臺，就可以分享此眾籌提案的頁面，在你自己的圈子或知名的網路平臺都會顯示提案資訊的連結，讓更多朋友點擊瞭解具體的內容。

❷ 讓最初支持者替你將傳播隊伍擴大

提案發起人的在上架提案之後，透過「一鍵分享」的方式可以讓更多

人瞭解提案資訊，以獲得一部分對此提案或此領域感興趣的人們支持。

同時，提案發起人可以透過參與或分享等方式，讓最初的支持者成為自己的粉絲，讓他們也透過「一鍵分享」的方式去擴散這個資訊。同時，發起人可以利用自己親朋好友的朋友圈，再進行擴大，讓他們幫助你將提案資訊傳播出去。

❸ 利用名人效應

無論任何事情，「名人效應」都能成為一個吸引眾人目光的亮點，眾籌也是一樣。提案發起人如果能讓應用的平臺、甚至透過引入名人與提案自身相同的理念等方式，若能與名人沾上邊，就能夠利用名人效應，為自己的眾籌提案吸引來更多的關注和贊助。

一個名為「北京素食地圖」的眾籌提案之所以能在諸多提案之中脫穎而出，依賴的不僅僅是「素食星球」自身的推廣平臺，更有知名青年藝術家韓李李的名人效應，韓李李作為一名環保素食者，身體力行地推廣素食的好處，她的著名漫畫人物「阿拉兔」深受大眾喜愛，粉絲群的極力支持使提案提前完成目標金額門檻，眾籌成功。

❹ 金額較大，分期達成目標

對於一些需要募集較大金額的提案，往往很難在短時間內完成。此時，可以將整個提案分成幾個部分，採取「分期」的方式來完成最終的資金籌集目標。

當處於這樣的情況時，可以先從「短期小額」開始，在短期小額目標完成之後，提案的知名度和群眾認可度也會有一個同步的提升，此時再進行下一次金額稍大的眾籌提案，成功的機率也將會比第一次更大。

一位名為楊易宇的旅遊愛好者，想要在拉薩為「沙發客」們蓋一個小客棧，他選擇了一個500平方米的大小，希望透過眾籌方式來完成此一目標。

但是，500平方米的客棧所需要的資金並不是一個小數目，對此，楊易宇心裡也沒把握。於是，他採用了分期達成目標的形式。

他第一次在眾籌平臺發布提案的時候，目標募集金額僅有50,000元（人民幣），並且，在此目標的回報方案中，設置了非常有吸引力的回報。

結果，原定75天完成的募集金額，在30天之內就完成了。初次眾籌的成功，給了楊易宇很大的信心。後來，他又發起了為期38天，金額為150,000元的第二次眾籌，最終，以174,800元的結果超額完成目標。接下來，他又發起了第三次眾籌，為期90天，目標籌資金額為5,000元，最終以金額11,300元再度超額完成目標。

圖5-20 ▲ 「籌建拉薩沙發客空間」募資頁面

楊易宇的三次眾籌，就是典型的分期達成目標的眾籌提案。而且，第一次眾籌成功時在網路上的推廣與第一次眾籌的支持者，對於他第二次、第三次眾籌的成功發揮了很大的宣傳作用。

❺ 讓眾籌平臺幫助推廣

眾籌平臺作為幫助發起人完成夢想的舞臺，在諸多成功提案與支持者的擁護之下，累積了大量的使用者資料和資源。除了這些，專業的眾籌平臺具有自己的宣傳推廣管道，因此，眾籌提案發起人須與眾籌平臺建立密切的關係，在產品推廣階段，可以讓眾籌平臺幫助產品的推廣和宣傳。

❻ 線上結合線下，將潛在投資人轉為真正投資人

提案發起人在提案的審核階段時，可以提前透過線上來「造勢」，同時線上線下進行「路演」（※「路演」譯自英文「Roadshow」，是國際上廣泛採用的證券發行推廣方式，指證券發行商發行證券前針對機構投資

人的推介活動，是在投融資雙方充分交流的條件下促進股票成功發行的重要推介、宣傳手段。也指在公共場所進行演說、演示產品、推介理念，及向他人推廣自己的公司、團體、產品、想法的一種方式），來宣傳自己的產品和提案，吸引更多的閱覽者。

線下路演時間一般不超過半小時，在這段時間必須抓住重點，將提案的優勢、盈利點以及商業模式充分展現，吸引潛在投資人的關注。一旦眾籌提案正式發起，這些潛在的投資人就較為容易轉為真正的投資人。

⑦ 聘請專業團隊推廣提案

在沒有實務背景、又想要提案獲得群眾的支持與贊助的情況下，歸根究柢還是要運用「行銷」。眾籌提案在平臺上上架成功，只是開始，更複雜的還在後期一系列的推廣，這個推廣的過程包含了後期宣傳、粉絲互動等等，完全是決戰於行銷力量。

一般的眾籌案都是羽量級的小提案，可能只有一個人，或者雖然是團隊，也沒有很多人。因此，單單依靠眾籌提案發起人自己或者小團隊，有時往往很難完成高額的目標。而提案發起人其實可以聘請好的專業行銷團隊，為自己的提案做市場推廣。

在美國，專業的行銷服務團隊已經相當成熟，美國最大的眾籌平臺「Kickstarter」背後有40億美元規模的生態圈，在為這個平臺上的提案發起人提供文案設計、圖片拍攝到行銷推廣等一系列的全程服務。在亞洲，這方面的市場還不是很成熟，但是，提案發起人可以自己找專業的團隊，幫助自己做提案的市場推廣。

當然，並不是所有的推廣管道都適合每一個提案，不同提案在推廣的時候，側重之處應該是有所區別的，並且，根據自己提案的不同，發起人還可以另闢蹊徑，尋找更適合自己提案的推廣方式。

但是，無論進行何種方式，將提案大力推廣出去，讓更多的人知道，並將資金投入進來，才是所有提案發起人的最終目的。

如何向創投簡報？

進行眾籌模式籌資的人多是草根，而眾籌的下游則有「草根」與「創投」。

除了在眾籌平臺網站上向群眾募集資金之外，如果你或你的團隊想獲得更大的一筆創業資金，就不能忽略創投（風投、天使們）的重要性，以及必須精進向創投簡報時的關鍵技巧。以下為向創投做募資簡報時的順序層級：

❶ 瞭解向創投作募資簡報時的層級

向創投作募資簡報時的合理層級，由高至低如下：

1.企業概況與財務概況（Business Overview & Financial Overview）。

2.經營團隊與營運模式（Management Team & Business Model）。

（※你得先有優秀的管理團隊，而不是等成功募資之後才去聘請團隊。）

3.你的產品／服務與市場（Your Product & Market）

（※你得突顯你的產品或服務很有前景。）

4. Competition & Barriers to Entry（競爭對手與進入門檻）

（※思考why me？為什麼是你來做，而不是別人來做？我為什麼要資助你？如果是人人都可以做的案子，成功機率不大。）

5. Niches & Strategic Relationships（利基與策略關係）

6. Capital & Valuation（資產與估價）

7. Company Logo（公司商標）

總而言之，思考創投為什麼要投資你？只有他們覺得你的管理團隊很

優秀、你的產品服務前景很棒、你的營利模式很好、你的創意很獨特、你這個人很優秀時，創投才會願意投資你與你的產品或服務，因此，如何針對創投的想法修正你的簡報是相當關鍵的。

❷ 瞭解創投所重視的人格特質

以下為創投所重視的投資人的人格特質：

- Integrity（正直／誠實）
- Passion（熱情／激情）
- Experience（經驗／曾經做過的事）
- Knowledge（一般知識與專業知識／T型或 π 型）
- Skill（特殊方法／技術／巧門）
- Leadership（領導能力／領袖特質）
- Commitment（堅持承諾的個性）
- Vision（願景／眼光）
- Realism（現實的態度／不空談夢想）
- Coachability（聆聽的能力／願接受指導）

其實，大部分的創投（風投、天使資金），其投資的多數企業往往都以失敗告終。那麼，為什麼大部分的創投仍然存活得很好？而且其中有一些還賺了大錢，名聞於世？

答案是：每一個基金並不是投資了一大堆一倍、兩倍、三倍的回報率做一個平均，而是創投持有一個超級棒的金雞母公司，而金雞母就將其他公司的風采蓋過了，所以平均值的意義並不大，重點是你有沒有抓到那一個接近無限大的公司。

舉例來說，中國知名的風投之一「DCM」很牛，是因為「DCM」投資了上千家公司，而其中的「唯品」公司的股票市值賺了一千多倍；「紀源資本」很牛，是因為「紀源資本」所投資的「阿里巴巴」錢賺太多了；「雄牛」很厲害，是因為「雄牛」所投資的「京東」也賺很多錢！也就是說，「DCM」是「阿里巴巴」的大股東，「雄牛」是「京東」的大股

東。

③ 美國最大天使集團博克斯的天使法則

天使投資人（Angel investor）專門投資草創的公司，在歐洲稱為商業天使（Business Angel）或非正式投資人，是指提供創業資金以換取可轉換債券或所有權權益的富裕個人投資人。如果一家公司已健全、成熟，就不在天使的標的裡。

而美國最大天使集團博克斯的天使法則提出了以下概念：

- 一位優秀的創業家值100萬美元。
- 一個好的創意值200萬美元。
- 一個好的盈利模式（狹義的商業模式）值300萬美元。
- 優秀的管理團隊值500萬美元。
- 巨大的產品前景值1,000萬美元。

思考一下，你與你的創意、你的管理團隊、你的營利模式、你的產品前景的情況又是如何呢？

CROWDFUNDING
Dreams Come True

實 例

實作成功的眾籌提案

無論是出書、開演唱會、將有機食品送到人們的餐桌、發動眾人一起做公益等等⋯⋯在網路時代，這些事情都能輕鬆實現！名人未必就一定得到支持，普通人未必就不能引起轟動，只要提案好，誰都可以成功找到財富、實現夢想！

6-1 全球首創： LOMO拍立得相機

　　科技帶來的便利，讓你我輕鬆漫步雲端，進入不可思議的生活國度。

　　近年來，眾籌平臺掀起了一股科技風，許多科技類向的提案都相當受到歡迎。2014年6月，「全球首創LOMO拍立得相機」提案正式於「眾籌網」上線，提案發起人在眾籌平臺充分描述了產品的特色和優勢，透過圖文和影片等多種方式直接向眾人展示了產品。

　　作為全球首創的LOMO拍立得相機，在「眾籌網」上的預售價格也十分誘人。為了滿足更多用戶的選擇需求，提案在回報方案中採取了不同的組合。並且在目標金額達成之後，根據個別的案型為每一位贊助人準備了額外的禮物和神秘驚喜。如此精心的設計不僅為科技眾籌增添了一分文藝色彩，而且俘虜了大量的LOMO粉絲。

提案名稱：全球首創LOMO拍立得相機

回報方式：

◆支援350元（人民幣）：回饋一台配備24mm廣角鏡頭、外置閃光燈和彩色濾片。可拍攝重複曝光、長時間曝光及半格照片的經典配色Diana Mini迷你戴安娜LOMO膠捲相機與膠捲一卷。

◆支援589元：可以用近乎成本的價格獲得配備廣角鏡頭的白色／黑色版本LOMO`Instant相機一台。Early Bird限量提供（白色、黑色各限60人）。

◆支援689元：獨家呈獻，可以用低於零售的價格獲得一台配備廣角鏡頭的白色／黑色版本LOMO`Instant相機，限量提供（白色、黑色各限199人）。

◆支援889元：可以用遠低於零售的價格獲得一台配備廣角鏡頭的眾籌配色(此版本僅供眾籌提案)／Sanremo限量LOMO'Instant相機，限量提供（眾籌配

色版、Sanremo各限199人）。

　　◆支援1,080元：可以用低於零售的價格獲得一台配備廣角鏡頭的眾籌配色(此版本僅供眾籌提案)／Sanremo限量LOMO`Instant相機，外加魚眼鏡頭和人像鏡頭各一個。（眾籌配色版、Sanremo各限99人）。

　　◆支持3,880元：收藏呈獻，可以用最優惠的價格獲得LOMO`Instant相機首次發行全系列4個版本的相機，再各自配上一套魚眼鏡頭和人像鏡頭，名額有限，僅供眾籌提案（限12人）。

　　◆支援8,880元：可以用最優惠的價格獲得LOMO拍立得至尊藏家套裝，LOMOgraphy三款最珍貴的限量級別拍立得相機。套裝包括一套眾籌限量版本LOMO' Instant相機外加魚眼和人像鏡頭，一套限量發行的LOMO LC-A+ 20周年紀念版本拍立得特別套裝外加超廣角鏡頭，一套真皮黑金Belair大畫幅風琴拍立得相機外加限量人像鏡頭，共3套時值過萬元（僅供眾籌提案，限6人）。

　　目標金額：100,000元（人民幣）
　　實際籌資金額：293,867元

圖6-1 ▲ 「全球首創LOMO拍立得相機」募資頁面

　　全球首創的LOMO拍立得相機，給了每一個擁有者拍攝照片之後等待顯影的真實期待與感動，眾籌限定配色元素的加入，讓贊助人能擁有與眾不同的拍立得相機。當眾籌日期截止時，LOMO拍立得相機提案獲得了近乎目標門檻3倍的金額。

　　科技研發與創新一直是市面上較熱門的話題，獨具一格的技術和理念可以讓創業團隊透過自身的能力和優勢開啟一條眾籌創業之路。然而眾籌模式的崛起，讓這些創新者們看到了希望，看到了前進的方向。

　　具體來說，眾籌模式可以從以下方面有效地幫助科技創新者：

❶ 免費的廣告效應

　　眾籌模式關注度日益漸增，作為一個創新概念，一旦提案眾籌成功、產品問世，必定引得媒體追逐，特別是提案本身如果擁有很多設計上的亮點，更能不費周折地成為媒體界的寵兒。

　　許多企業都希望透過網路媒體來加大宣傳力度，眾籌模式能滿足這樣的需求，成為一個標準的免費廣告。對科技創新領域來說，眾籌平臺可以完美地將銷售與宣傳融為一體，透過眾籌平臺的曝光，實現籌資源、籌人脈、籌智慧三位一體的效果。

❷ 市場調查

　　科技眾籌作為回報式眾籌的一類，經常具有自身的商業價值，在提案發起人尚未完全瞭解市場的前提之下，眾籌可以作為產品研發、生產的平臺，在平臺上可以發揮一定的市場調查作用。透過提案的贊助人數，可以預知產品未來的銷售趨勢，有效降低不可預估的市場風險，能成為企業的參考指標，更能幫助企業合理地調動資源，降低庫存風險。

❸ 降低融資成本

　　對於剛起步的創業公司，資金短缺無疑是最大的問題，也是限制企業發展的最大瓶頸。然而，市場從來不缺資金，缺的是一個好提案。想要獲得風投的青睞，門檻之高，能得者屈指可數。眾籌模式的開啟，讓資金問題變得容易解決。眾籌作為融資平臺，降低了企業的資金成本，沒有利息的融資模式讓企業實現了零負債，給企業發展和現金流安全帶來了巨大助益。

　　作為科技眾籌的成功提案，LOMO拍立得相機也再次為我們證明了一個事實——只要有好的產品，好的創意，眾籌就可以讓夢想變成現實。

6-2 楊坤「今夜20歲」2014北京演唱會

綜藝節目《中國好聲音》在中國刮起了一股音樂風潮，除了選手之外，節目的熱播也讓導師們備受矚目。而著名歌手楊坤作為《中國好聲音》第一季的導師，更是在節目中頻頻宣布要在全國32個城市舉辦個人巡迴演唱會，從此「楊32郎」的名聲也和節目一樣家喻戶曉。

2014年8月，楊坤演唱會的眾籌提案正式上線「眾籌網」。演唱會於2014年10月25日舉辦，楊坤與歌迷們一起「回到20歲」。令人稱奇的是，該提案在短短24小時之內竟成功募資超過百萬（人民幣），成為2014年募集資金最高，完成目標額最快的眾籌提案。楊坤也開啟繼那英之後第二個玩轉演唱會眾籌的歌手。

提案名稱：楊坤「今夜20歲」2014北京演唱會

回報方式：

◆支持350元：獲得原價380元演唱會門票1張。

◆支持600元：獲得原價680元演唱會門票1張+海報1張。

◆支持800元：獲得原價880元演唱會門票1張+簽名海報1張。

◆支持1,200元：獲得原價1280元演唱會門票1張+簽名海報1張。

◆支持1,500元：獲得原價1680元演唱會門票1張+簽名海報1張。

◆支持10,000元：獲得原價1680元演唱會門票7張+簽名海報7張。

◆支持30,000元：獲得原價1680元演唱會門票20張+簽名海報20張。

◆支持100,000元：獲得原價1680元演唱會門票70張+簽名CD10張+簽名海報10張+簽名筆記本10本+參加演唱會慶功宴+與楊坤合影留念。

目標金額：1,000,000元（人民幣）

實際籌資金額：1,002,900元

圖6-2 ▲ 「今夜20歲」楊坤演唱會募資頁面

「前兩天，他出資為那英姐姐舉辦了演唱會。」哪位土豪為那英姐姐舉辦了演唱會？他不是別人，「他」可能就是我們之中的任何一個人，只要我們參與贊助，都能成為那個「他」。眾籌讓夢想成為現實，創新的模式讓音樂增添色彩，透過眾人的力量，沒有什麼辦不到的。

近年來，音樂圈似乎不太景氣，隨著眾籌模式攜手科技、出版、農業等類向之後，音樂類也緊隨其後。眾籌能給娛樂圈帶來什麼樣的影響，我們無法想像。然而，在音樂眾籌類向，國外早有先例，眾籌網站「Artist Share」於2001年開始營運，在其眾多的成功提案名單當中，取得共計6座葛萊美獎盃和21項葛萊美提名的佳績。

有些眾籌網站在營運上已相對成熟，音樂類的眾籌提案也較為活躍，許多的個性音樂人都會透過眾籌平臺來籌資演出或者出版專輯。

① 好題材，成就音樂眾籌

楊坤的巡迴演唱會在進行眾籌的同時，也加入了新的題材，此一亮點是其取得如此巨大成功的原因之一。

《中國好聲音》節目為楊坤提供了一個嶄露頭角的閃亮舞臺，導師楊坤的出色表現吸引了廣大觀眾的注意，在此之際，宣布舉辦演唱會無疑是

具備了天時、地利、人和三大好時機。且「眾籌網」對楊坤個人介紹的開場白以及演唱會的新穎主題等無不觸動著每一個粉絲。

「他，是中國樂壇集創作、演唱、製作於一身的全能型藝人。」

「他，擁有極具辨識度的性感嗓音。」

「他，是眾人皆知的32郎。」

「而這次，與數字無關，他要與你聊聊青春。」

「關於夢想，年輕時候未曾敢做。今天，來一次瘋狂的夢想之旅。」

「10月25日萬事達中心，楊坤和你一起回到20歲。」

是的，正是這個20歲，讓很多人回憶起曾經的青春與夢想，20歲，一個極具感染力的年齡，抒寫著每一個人內心深處對青春歲月的追憶與感懷。在內心與音樂的撞擊下不禁讓人迫切重回20歲時的夢境，只此一夜。

❷ 音樂眾籌，一種新的行銷手段

音樂人效應始終是眾籌模式的主流，在知名眾籌平臺，經常會有主流音樂人的身影，無可厚非，這些眾籌的核心已不再是單純的籌集資金，更多的是為娛樂炒作增加新的元素來吸引粉絲們的關注，眾籌已作為一種眾籌的行銷與製造新聞的手段。

音樂眾籌提案中，如果有說上一個好故事，具新穎的題材、熱門的話題，都將為音樂本身做足宣傳，加大後期銷售的推廣力度。無論是演唱會還是音樂專輯的販售，眾籌模式都可以為其帶來巨大的附加價值。

❸ 眾籌，解決演唱會規模與人數不適配的尷尬

眾籌模式既享有互聯網所帶來快速瀏覽資訊的優勢，又兼備著贊助人與提案的資訊交流價值。

如果演唱會透過眾籌模式在全國進行巡演，便能夠在網路上直接瞭解各大都市粉絲們的支持率，不僅為演唱會本身做足了宣傳，更能有效解決演唱會規模與人數不適配的尷尬局面。眾籌，讓演唱會主辦方變得胸有成

竹，透過平臺的充分交流還能為粉絲們製造出一場別具一格、屬於他們自己的「驚喜」演唱會。

楊坤「今夜20歲」2014年北京演唱會的提案，無論在籌集資金還是達成目標的時間都給演唱會眾籌帶來了一種新的啟發。眾籌讓歌手與粉絲更親密，在一項回報案型當中，支持者甚至可以親臨演唱會慶功宴和楊坤零距離合影。

眾籌模式日趨成熟，而演唱會眾籌的成功將預示著明星產業即將進入一個全新的互聯網舞臺。明星的眾籌模式已經開啟，粉絲們拭目以待吧！

6-3 清華金融評論：每個人都看得起的頂級財經雜誌

2014年元月，清華大學五道口金融學院與「眾籌網」合作，推出名為《清華金融評論》的雜誌，並在北京共同舉辦了發表會。參與發表會的知名人士眾多，有清華大學五道口金融學院的常務副院長兼本次提案雜誌主編廖理、「眾籌網」CEO盛佳等人。

《清華金融評論》是一本由清華大學主辦、清華大學五道口金融學院承辦的雜誌，內容主要為金融形式的經濟分析與研究、相關政策的解讀與評論等，還包括一些建議與參考。雜誌結合學術、實務與時政於一體，實現了清華大學與金融界的交流，這些權威的金融資訊透露出出版社將打造一本頂級的財經期刊。

提案名稱：《清華金融評論》每個人都看得起的頂級財經雜誌

回報方式：

◆第一類：支持0元，即免費參與「金融改革大家談」活動，將自己對金融改革觀點寫在備註中，雜誌主辦方會選出100條獨到見解的觀點評論，放到雜誌當中，附帶署名及展示照片，同時免費獲得收錄自己觀點評論的雜誌。

◆第二類：支援1元獲得試刊號電子版雜誌。

◆第三類：支持10元獲得原價20元的2014年印刷版首刊。

◆第四類：支持100元、500元、1,000元、5,000元，各享受全年低於半價的包郵優惠活動，獲得金額相應數量的全年首刊，並優先獲得參與雜誌主辦的線下講座、沙龍入場資格。

目標金額：50,000元（人民幣）

實際籌款金額：85,209元

支持人數：953人

　　《清華金融評論》提案於眾籌網試水溫，不到兩天的時間，籌集金額已達3萬元。短短3天便超額完成50,000元的籌資目標，最終募集資金為85,209元，將近目標金額門檻的兩倍，分享提案的次數超過了20萬次，並有60多家媒體關注此次合作的眾籌提案，並做了相關報導。2013年該提案成為「眾籌網」最受關注提案之一。

圖6-3 ▲ 《清華金融評論》財經雜誌募資頁面

　　眾籌模式即將引領這樣一個時代——「讀者正在為一篇篇沒有成型的文章進行買單」。《清華金融評論》的眾籌提案令每一位贊助人都從中受益，並為他們提供了一本「每個人都能看得起的頂級財經雜誌」。

　　眾籌元素的加入，讓雜誌變得更加豐富多彩。採用創新的發行方式，加入了多種預售形式，以及前所未有的特價優惠，這些都讓投資人獲得額外的驚喜和福利，這些元素的注入，不僅為雜誌增添了更多的人性色彩，還能為有需求的讀者們帶來了一種巨額的「價值共用」，使每一個贊助人受益匪淺。

　　《清華金融評論》雜誌主編廖理表示，學院將成立互聯網實驗室。「眾籌網」線上結合線下的資源整合能力和推廣提案的宣傳能力都是學院方面相當重視和關注的，正是因為有這樣一個平臺，才使得《清華金融評論》提案一上線就能立即得到眾多粉絲的支持。

　　互聯網雲概念的模式得到迅速的發展和有效的運用，使得眾籌漸漸進

入佳境，行銷模式不斷地創新，促使《清華金融評論》提案選擇「眾籌網」開啟預售發行，從而取得了超過預期籌資金額近兩倍的優秀成績，成功開闢了傳統金融與互聯網共同合作發展的全新道路。

眾籌網日趨成熟的融資、孵化、推廣模式為《清華金融評論》雜誌提案奠定了成功的基礎。利用互聯網眾籌模式去銷售一本關於財經專業的雜誌，在傳統雜誌出版行業看來，標新立異感十足。同時提案取得的成果，也給雜誌眾籌類向帶來了一次成功的示範。

從娛樂眾籌、出版眾籌，再到學術眾籌、雜誌眾籌，「眾籌網」不斷地製造成功、複製成功，完成一次又一次的成功眾籌。對提案發起人來說，只要你有創意的點子，眾籌模式就能為你製造一部商業化運作的劇本，讓你親臨一場草根變明星的現實童話。

如果說傳統行銷針對的是市場，那麼眾籌帶來的行銷不僅僅是面對市場，更是直接面對每一個讀者。馬雲說：「未來是C2B的時代」，互聯網變革正在上演。眾籌模式的開啟不僅讓讀者成為了購買者，也成為了雜誌出版的參與者。眾籌網提供了讀者與雜誌的交流平臺，讓每一個贊助人都能與《清華金融評論》互動，透過此一模式，雜誌可以將讀者的需求作為下一步運作的參考資訊，讀者的參與也將成為雜誌出版的一部分。

出版行業的相關人士也對《清華金融評論》雜誌攜手合作眾籌提案表示評論：「眾籌開啟一對一模式，標新立異、創意色彩比較濃厚。這些因素都能給提案帶來更開闊的前景。眾籌預售模式還能透過資料的統計，提前判斷《清華金融評論》的市場前景，為後續雜誌的受眾群眾做出準確的定位，透過大眾的評價和提供的建議都能及時在內容上做出調整，對雜誌的正式推出做出有利的助推，降低市場風險，減少出版商印刷過剩的煩惱。」

不得不說，眾籌元素的加入，讓出版商在充分瞭解市場的基礎上，將雜誌與讀者的關係拉近，讓雜誌內容更符合讀者所需。眾籌，無疑將讀者需求和雜誌出版完美地結合在一起。這種創新精神將為傳統的出版行業試探出一條更有效的行銷路線。

匯源有機草莓，每一顆都珍貴

2014年1月，「匯源果時」在「眾籌網」上發起名為「匯源有機草莓，每一顆都珍貴」的提案，上線之後立刻得到眾多網友的支援，順利完成預期目標金額，獲得成功。此一成功也表示農業類向在眾籌領域的崛起。

隨著互聯網金融行業的興起，眾籌帶領眾多傳統行業進軍互聯網。2014年7月中國「眾籌革新農業」發表會的順利舉辦，表示「眾籌網」攜手「匯源集團」等企業共同進入農業眾籌的開始，同時「眾籌網」的農業類向提案正式上線。

提案名稱：匯源有機草莓，每一顆都珍貴

「匯源果時匯有機草莓，珍貴在於堅持。堅持生態耕作、堅持無污染培植、堅持自然生產，默默守拙的力量，卻是能夠平衡天地與人的力量。」

回報方式：

◆支持108元，獲得2盒價值68元／盒的有機草莓。

◆支持198元，獲得4盒價值68元／盒的有機草莓。

◆支持278元，獲得6盒價值68元／盒的有機草莓。

◆支持348元，獲得8盒價值68元／盒的有機草莓。

備註：所有草莓從採摘到送達都在24小時內，保證草莓新鮮品質。

目標金額：10,000元（人民幣）

實際募集金額：12,992元

「匯源有機草莓，每一顆都珍貴」此一農業眾籌提案在「眾籌網」一舉成功，並非偶然，因為眾籌模式讓消費者享有低於8折的市場價，並優先嘗到24小

時內新鮮採摘的有機草莓，如此優惠，消費者何樂而不為？在提案品牌和「眾籌網」宣傳的影響力下，傳統農業再添亮點。

圖6-4 ▲ 「匯源有機草莓」募資頁面

現代快節奏的生活方式，讓都市人倍感壓力，多數人都對都市生活感到厭倦，他們想要一塊屬於自己的淨土與大自然交流，吃到無污染、無農藥的有機水果和蔬菜。匯源有機草莓的出現則剛好為都市人群「解渴」，在紛繁忙碌的大城市給人們帶來綠色的希望。

「眾籌網」透過互聯網優勢，整合有效資源，搭建社交舞臺，分享全方位資訊。「眾籌網」開拓全新的思維方式，進軍農業領域，增加農業品牌效應，發展創新農業形式，突破傳統農業觀念，將眾籌與傳統農業完美的結合在一起，孕育出新型農業。

匯源集團從果汁拓展至農業，致力打造世界級的農業平臺。而農業屬於傳統行業，但是新農業的誕生是將農業、夢想、生態等各方因素結合起來以謀求共同發展。

「一批水果即將採摘，如果找不到相應的買家，農民可能會漸漸失去種植的熱情和動力」，這種情況的出現使人擔憂。

中國一個農村孩子的心裡話：「自從進城工作後，我常回到家鄉，發現很多農民都不再種地，耕作知識也沒有繼續傳承下去，也許不到五年時間，我們村子將找不出一個會種水稻的年輕人。」銷量決定了生產，面對

農業生產的時效性，我們必須要從農民的切實利益出發，促進農業的全面發展。

1 農業眾籌，是傳統與革新

農業眾籌可以給農業帶來新的生機，眾籌作為互聯網金融的一個分支融入傳統的農業領域，的確顯得很新穎。這種以互聯網為媒介的經營模式為傳統農業增添了新的銷售管道。提案發起人可以先透過眾籌網籌集資金，然後讓農民根據眾籌需求進行種植，培育出農產品之後，能跳過銷售環節，直接送達給消費者。

這樣的眾籌模式也可以簡單定義為農產品的預售。預售形式不僅節省了行銷所花費的精力和時間，還能有效降低農產品的滯銷風險。在中國，隨著眾籌模式的開啟，農業類向緊跟其後，「眾籌網」繼推出農產品眾籌提案後正式上線農業眾籌類向，將農業作為平臺的重點類向之一，大力發展。

此外，眾籌模式多樣化的回報方式，甚至可以讓消費者直接參與農業的種植與收成，在一些創新的農業提案中會設立體驗種植的活動提案，包括插秧、收割等種植環節的參與，結合親子理念，讓家長與孩子在學習的過程中還能夠一起品嘗自己的勞動果實。

以種植為生的農民不再是獨自勞作，而是讓整個村子的人共同勞作，在使村子變得更加團結的同時，農民們還能享受到合作共贏，共同進步的樂趣。如此便能充分喚起農民勞動的熱情，彷彿回到了最終那個淳樸的耕種年代。

農業眾籌剛剛起步，諸多新元素還未完全注入其中，未來參與眾籌的消費者們可能會以不同的形式加入贊助人的行列，農業不再單單只是一種農產品，而是成為使買賣雙方升級為合夥人的催化劑。

消費者作為農產品的投資人出現在農業類向，在農產品整個生產過程中扮演一個直接參與者的角色。這種模式更強調雙方的協作、溝通、信任，真正深入暸解了消費者的喜好，將來的產品才能更加符合消費者的需

求。

② **食品安全升級，給消費者更多信任**

在面對諸多食安問題的社會環境之下，消費者的信任在食品領域可以說是非常重要的關鍵，許多都市居民甚至開始自己掏錢，使用家中的陽台種植起蔬菜水果，很多超市也在蔬菜銷售的包裝貼上有機標籤來取得消費者的信任。

消費者對食品安全越來越重視，這些都能給傳統農業結合眾籌平臺產生一種革新，角色的轉變，相當於給食物設立了一道安全門，能給消費者更多信任，這將是一個全新的市場。參與感讓消費者得到更大的附加價值，F2F（Farm to Family）和C2B（Customer to Business）模式的開啟，將徹底顛覆傳統，消費者主導的時代即將來臨。

傳統農業轉型是必然趨勢，隨著眾籌模式日漸成熟，農業眾籌類向的上線將為消費者與農民帶來雙贏的局面，路漫漫，其修遠兮，儘管農業眾籌發展迅速，但將來的路還很長，還能有哪些嶄新嘗試也相當使人期待。

6-5 樂嘉本色：活出真實的自己

隨著徐志斌的《社交紅利》一書意外走紅，眾籌模式在出版行業異軍突起，2013年10月「眾籌網」在北京舉行了「眾籌製造：讓影響力重回作者出版業研討會暨眾籌出版提案發表會」，會議深入討論了眾籌模式對傳統出版行業的影響及深遠意義。

眾籌出版給了所有作者一個圓出書夢的機會，在眾籌平臺上，名人和普通人一樣機會均等，人人都可以嘗試用眾籌預售的方式出版自己的圖書。

此外，因為眾籌預售的方式能夠與讀者有很好的互動，所以越來越多的出版商和作者都加入到了這場盛宴當中。其中不乏一些名人。

樂嘉為著名主持人，暢銷書作家，在心理學上也頗有研究，在主持之餘，早已有多本著作上市。2013年，長江文藝出版社推出了樂嘉的新書《本色》。書中，樂嘉透過自我剖析的方式，採用傳記形式來描寫人性。2013年10月24日，眾籌網推出樂嘉新書《本色》，開啟一輪售書新模式。

提案名稱：樂嘉新書《本色》：活出真實的自己

回報方式：

◆支持38元：樂嘉《本色》新書1本（「眾籌網」獨家訂製版，附贈本色樂嘉珍藏海報1張，搶先成為第一批讀者）。

◆支持76元：樂嘉《本色》新書2本附贈樂嘉「本色‧活出真實的自己」主題演講入場券一張。

目標金額：50,000元（人民幣）

實際籌資金額：52,662元

《本色》新書提案一上線就獲得了驚人的成績，短短一天，該提案就得到330位贊助人的支持。

圖6-5 ▲ 《本色》樂嘉新書募資頁面

隨著電影、科技、動漫、音樂產業不斷地搶佔眾籌市場，出版業也開始大張旗鼓進軍眾籌領域。

網路書店和眾籌出版雖然都是透過網路管道銷售書籍，但是兩者的性質截然不同。網路書店僅僅是將傳統出版行業銷售書籍的方式搬上了網路，其本質依然屬於書店銷售。但眾籌模式則顛覆了這一概念，參與眾籌的支持者透過平臺的資訊介紹，瞭解書籍的大致內容。但是該書尚未出版，支持者想要購買書籍，需要預付一定金額，待圖書成功出版，支持者便可以得到提案承諾的書籍或者其他承諾品，而一般書籍的預售價格會低於市場售價。

出版行業採用此一模式，可以獲得出版發行圖書的資金。當然眾籌模式帶給提案的不僅僅是啟動資金，還可以為書籍的即將上市做提前的曝光與行銷，或者根據平臺贊助人的回饋來預測市場方向等，可謂一舉數得。

新書首次應該印多少本？這個問題一直是出版行業最難掌握的。傳統出版行業通常依靠之前累積的經驗作判斷，可是一旦判斷失誤，將會面臨兩種尷尬的局面：第一種是首印數量太多，書賣不出去，造成大量的庫存，出版社遭受不必要的損失；第二種情況是首印數量太少，書籍不夠

賣，而加印過程一般時間較久，半個月過去，讀者對該書的熱情已經減弱，這勢必影響書籍的銷售量。

眾籌模式的出現，給了出版行業一個新的大數據來源，透過眾籌平臺的預售方式，不僅可以直接瞭解該書在未來的銷量，讓發行商在書籍未出版前就知道多少人有購買意向，相對能精確地計算出大致銷量，能確認首印的數量，也能及時得到支持者的回饋意見。並且，眾籌網站採取預付款的形式，有效降低了書籍的印刷風險。

對於新人、新話題來說，採用眾籌模式觀察市場反應不失為一種好辦法。近年出版行業環境並不理想，一本書首印只有幾千冊是再正常不過的事。如果能準確第把握市場脈絡，提前預知書籍對市場的吸引力如何，就能讓圖書出版的成功率大大提高。

圖書眾籌模式，讓讀者出資支援書籍似乎不再是最重要的，作者和出版社的聚焦點更多是放在眾籌平臺所帶來的市場資料。一本新書的眾籌預售過程能帶給市場一定的曝光度，能大大增加出版商的信心。正如那本在眾籌平臺創造奇蹟的《社交紅利》，就讓出版商看到希望，而平臺所交出的市場調查問卷，讓一本新人撰寫的書籍首次就能印刷30,000冊，達到暢銷級別。在傳統出版行業，一個毫無名氣的作者能獲得這樣的成功，簡直是天方夜譚。

當然，想使書籍透過眾籌模式得到一個好的結果，作者本身也是不可或缺的關鍵因素。在樂嘉《本色》提案中，一天能夠聚集那麼多的人氣和贊助資金，不得不歸功於作者自身的社會影響力。樂嘉擁有自己的粉絲群，眾籌平臺又為其提供了一個發布消息的管道，從而更好地推進了書籍的宣傳及銷售力度。

據統計，名人圖書與經管類圖書在「眾籌網」的成功出版率相對較高，由此可見，並非所有類型的書籍都能在眾籌模式的「推波助瀾」下能登上最高峰，書籍在選擇發布平臺上要根據自身的特點來操作。如此才能一炮走紅，將成功率大大提升。

　　綜合以上內容分析，你是否認為眾籌模式一定可以給圖書帶來零風險收益呢？答案當然是不一定。我們知道一個行業的風險不僅僅在於行銷手段是否高明，更重要的是產品自身的品質。眾籌提供了一個展示平臺，成功的行銷能幫助提案順利啟動，但是提案最後的成功與否，都取決於支持者對於產品的滿意度。

　　作為一名眾籌圖書提案的支持者，他的角色不再僅僅是一名普通的讀者，而是蛻變為一個書籍提案的預期投資人，贊助人們與出版商、平臺共同合作，與作者一起走過策劃、出版、發行的全過程，最終與他們一起分享書籍成功出版的喜悅。

　　總之，風險雖然存在，但不可否認的是，出版行業在眾籌舞臺上可以挖掘到更多的價值。眾籌完全改變了傳統電子商務和書店賣書的銷售模式，從徐志斌的《社交紅利》到樂嘉的《本色》，我們看到眾籌出版的可能性，然而眾籌平臺是否真的能為出版行業開啟一個全新的商業模式，我們拭目以待。

6-6 海釣達人：海釣人的終極夢想

　　除了出版眾籌、音樂眾籌、農業眾籌、科技眾籌都給眾籌添上了個性化色彩，旅遊行業也趕潮流似的，發起了旅遊眾籌提案。

　　2014年4月，「海釣達人」提案正式上線「眾籌網」，青島旅遊集團作為提案發起人，率先針對旅遊眾籌試水溫。

　　提案名稱：海釣達人——海釣人的終極夢想
　　回報方式：

◆支援100元：獲得小型船近海體驗（2小時），免費使用2套海釣工具。

◆支持400元：獲得小型船近海體驗（2小時），海釣4人或包船（2小時），免費使用2套海釣工具。

◆支持500元：獲得近海垂釣船，海釣1人（4-5小時），免費使用2套海釣工具，並獲得50元海釣俱樂部代金券。

◆支持960元：獲得近海垂釣船，海釣2人（4-5小時），免費使用2套海釣工具，並獲得120元海釣俱樂部代金券。

◆支持2,000元：獲得近海垂釣船，包船限5-7人（4-5小時），免費使用2套海釣工具，並獲得200元海釣俱樂部代金券。

◆支持2,400元：獲得近海垂釣船，包船限6-8人（7-8小時），免費使用2套海釣工具，並獲得240元海釣俱樂部代金券。

　　目標金額：30,000元（人民幣）
　　實際募集金額：43,100元

圖6-6 ▲「海釣達人」募資頁面

　　旅遊結合眾籌，這是一件新鮮事。很多人都期望「來一場說走就走的旅行」，這個理念讓很多人對旅行有了新的定義。眾籌模式的誕生，將此一話題變得更有趣，在結合旅遊與眾籌兩者優勢之後，全新的旅遊眾籌將打造一個全新的旅行方式，為更多贊助人們訂製屬於他們自己的旅遊服務。

　　眾籌模式如今已經玩轉全球，旅遊類向的加入，讓它變得更加豐富。「海釣達人」提案上線之後，短短24小時內，提案的募集金額就突破了117%，進展非常順利，也為旅遊眾籌開啟了一次全新的探索。

　　當然，隨著漁業法以及相關政策的訂立，在世界動物保護協會的呼籲下，各國針對捕撈活動將會陸續採取相應的措施加以控制或禁止。魚類資源有限，因此，海釣可能只是一種宣傳手段，並非一個長期提案。

　　在設計旅遊眾籌提案的時候，旅行社應盡可能加入人文情懷的元素，如此不僅能給旅遊眾籌帶來美好的前景，還能增添一份「愛」的色彩。

❶ 共用資源，茁壯成長

　　旅遊行業之所以能帶來更多商機，是因為遊客效應。旅遊本身就是一個多人參與的群體行業，需要針對規模足夠龐大的目標族群。而眾籌本身就是一個眾人集資的概念，能夠為旅遊行業提供「人」的基礎，帶來巨大

的經濟效益。並且，前去旅遊的遊客都成了投資人，他們的角色就不單單只是遊客，而是遊客與投資人的完美結合，他們在推動提案啟動的同時，也享受著提案帶來的樂趣。在眾籌與旅遊的結合中，兩者皆能從共用資源中一起壯大。

② 前途光明的旅遊眾籌

在主要知名的眾籌平臺中，我們可以見到出版眾籌、音樂眾籌、農業眾籌等類向，但是唯獨不見旅遊眾籌的一席之地。旅遊眾籌到底有沒有市場？很多人心中不免存在疑問。

隨著經濟邁向新的高度，旅遊行業的腳步也緊隨其後。未來可以預見的是，旅遊行業將從單純的觀光型轉變為參與體驗型，而這個轉變正是旅遊眾籌的發展趨勢。總之，眾籌元素不斷地深化，旅遊眾籌也將迎來全民化趨勢，旅遊眾籌的前途將一片光明。

③ 訂製遊客的個性路線

旅遊眾籌如果想要走得更遠，就要透過平臺的構建讓贊助人與旅遊業者有更多的溝通，來自贊助人的寶貴意見將有可能顛覆旅行的傳統規則。群眾喜歡「來一場說走就走的旅行」，更加歡迎提供這種旅行的平臺，旅遊企業可以在整合資源的眾籌平臺上深化服務，訂製屬於遊客自己的路線，提供更加多樣化、個性化的回報方式，真正使旅遊眾籌成為推動旅遊提案發展的一個助推力量。

毫無疑問地，旅遊眾籌和其他類型的眾籌相同，早已超越了籌資的主軸，有了眾籌平臺的支持，旅遊行業必將出現一些新的良性變化。

CROWDFUNDING
Dreams Come True

投 資

如何選擇眾籌優勢提案？

對「眾籌」投資人來說，提案的好壞與後期的風險和收益
是密切相關的。而一般投資人往往沒有具有判斷眾籌提案
優劣的能力。此章節將說明選擇優勢提案的觀察要點，以
及該如何有效地規避投資中可能遭遇的風險。

7-1 投資人該如何選擇優勢提案？

　　網路平臺上，眾籌提案就像商場裡的商品一樣地琳瑯滿目，讓人眼花撩亂、無從選擇。但在提案眾多的情況下，作為投資人會面對到的處境便是：優質提案少。因此，當投資人在選擇提案時，儘量選擇有政府政策扶持的提案。現在的眾籌平臺分類眾多，模式也各不相同，有許多平臺經常面臨著缺乏優質提案的困境，尤其在「股權式眾籌」的類向上。通常，投資人看了100個提案，可能僅對5個提案感興趣，即便如此，這些提案基本上還也是大同小異。專業人士表示：「當前市場不缺錢，當然也不缺提案，缺的只是優質提案」。

　　為什麼要進行投資？相信許多人都會想到投資的回報。的確，對普羅大眾來說，更值得關注的是投資操作所帶來的實際利益。對投資人來說，能夠獲利、贏得精神和利益的雙重回報，則和提案的品質優劣有最大相關。

　　許多投資人都會有疑惑，那麼，我們究竟應該選擇什麼樣的眾籌提案呢？而什麼樣的提案又才算是優質的提案呢？優質提案所具有的特色如下：

❶ 盈利模式切實可行

　　盈利模式是一個提案最核心的部分。只有投資人清晰地瞭解創業提案完整的盈利模式，才能更可靠地選擇投資方向。在相當多的實例當中，提案的創意構思都非常不錯，唯獨沒有一個好的盈利模式，導致提案最終無法持續進行下去。

　　因此，投資人在選擇提案的時候，要清楚提案和企業是否有切實可行的盈利模式，並以此作為自己選擇投資目標的條件之一。

在企業創業之初，都應該有一個具體可行的盈利模式。如此，一方面有利於企業後期的持續發展，同時也能保證投資人對企業有一個清楚的認知和瞭解。

② 創業提案具有可操作性

每一個提案發起人在上線提案之初，都有許多美好的想法，但在實際操作時，卻常常遭遇到無法解決的困境。因此投資人在選擇提案的時候，一定要仔細考察提案的商業計畫是否具有可操作性，這些都是評斷一個提案在實作過程中是否能成功的關鍵。

上海的仇先生專注於國學教育，一心想辦一家國學幼稚園。2014年4月，透過朋友介紹，仇先生考察了一家位於上海奉賢區的幼稚園，該幼稚園因為辦不下執照而欲轉讓。考察之後，仇先生非常滿意，相信憑著自己的辦學理念，一定可以讓這家幼稚園持證開張。

但是，幼稚園1,200,000元（人民幣）的天價轉讓費，對仇先生來說無疑是個天文數字，抱著嘗試的心態，仇先生在微信上發起了一個眾籌的提案，希望透過眾籌的方式籌集到這筆資金，完成自己辦學的心願。

提案的內容很誘人，「只要2,000元，就可以擁有自己的幼稚園！讓我們一起開辦……」，仇先生承諾，每位投資人都可以按照比例成為這家幼稚園的股東。

而網友對這件辦學提案的熱情，遠遠超出了仇先生的意料之外。

仇先生發出的籌款目標金額是1,300,000元，不到一個月的時間，仇先生就籌集到了1,380,000元。然而，讓仇先生更沒有想到的是，在交付了1,200,000元的轉讓款之後，卻得知該幼稚園是本應被取締，卻頂風開張的一家無證幼稚園，按照相關規定，仇先生基本上無望開辦國學幼稚園。

然而，1,200,000元的眾籌資金卻無法要回，因此80多位眾籌投資人以詐欺名義將仇先生告上了法庭，而仇先生也將透過法律手段，與這家幼稚園進行交涉。

在這個案例中，雖然投資人和仇先生都透過法律解決這件事，投資人或許最後能夠贏得官司，成功討回自己的投資款項，但是，在過程中所耗費的心力和精神卻是無人可買單。對仇先生來說更是如此，自己原本抱著滿腔熱血辦學，卻將眾籌到的鉅款讓騙子給騙走，自己什麼都沒得到不說，處理得不好還可能讓自己身陷囹圄。

無論是投資人還是眾籌的提案發起人，在進行投資或發起提案之前，一定要評估提案是否具有可操作性或者具有太大風險，千萬不可為了利益或夢想而急於求成，最後讓自己走入死巷當中。

❸ 提案具有成長性

投資人投資一個新的創業提案，通常希望能獲得高額的回報，因此預估未來提案是否具有成長性是不可忽略的一個環節。也就是說，假設一個提案操作起來之後，它的未來會是什麼發展？它能不能成長起來？有沒有長久持續發展的可能？這些都是投資人需要關注的。對投資人來說，必須評估此提案的未來成長性是否能成為一個可以持續盈利的提案？

如果在投資前期就能對提案未來的成長可能進行詳細考察和評估的話，就是為投資人贏得一份未來盈利的巨大保障。

「深圳綠筷資訊科技有限公司」所開發的APP軟體應用程式「小小廚」，是一個透過簽約廚師與營養師的方式，能對個人、家庭和企業、行業、有特殊需求的群體提供服務。

此眾籌提案針對目前大環境下人們普遍關注的食品安全問題，以及各類群體健康生活理念的供需，以移動端作為載體，提供高品質的私人廚師到府烹飪服務。這個提案在「眾籌網」旗下的股權眾籌平臺「原始會」上，獲得了500,000元（人民幣）的融資金額。

從投資人的角度來看，這個提案的經營理念主要針對人們對健康和食

品安全的關注，以及在快節奏的生活中，許多消費者沒有時間和精力去應付一些比較複雜的宴席、聚餐等活動。在當前的社會現狀，在這樣的經營理念和市場定位之下，是有一定的成長空間的，因此，能夠搭上食安的潮流趨勢，「小小廚」最終能融資成功。

❹ 關注創業者的品行

風投界有一句投資要領：「投資即是投人」，縱觀歷史，從馬雲到賈伯斯，這些人無疑都是投資界最成功的案例。

曾經投資過賈伯斯的天使投資人李宗南，曾分享自己的投資原則：「不投市場，不投技術，只投人」。

對於提到投資什麼樣的人時，李宗南也有自己的見解，他說：「首先創業的人必須要有熱情，除了熱情之外，還要有相關的專業知識，但是最重要的就是『創業者的人品』。」人品決定了創業者的態度，態度決定行為，而行為決定最後的結果。

創業者的道德人品不僅決定了他未來的道路，也關乎公司未來的發展，甚至是對世界的影響。投資人如果只是盲目地以盈利為目的，而對創業者的道德人品不予要求，最後的後果很有可能讓投資人血本無歸。

❺ 提案團隊是否具有合作精神？

團隊是否具有合作精神，是企業能否發展壯大的關鍵。許多企業的失敗，都是在團隊建立之後，不能團結一心解決問題。一旦出現狀況，團隊成員反倒先起內鬨，無法互相支援以面對問題、解決問題，因此造成失敗。

對投資人來說，考察一個提案是否可以投資，以上幾點都是需要考察的重點。因為一個提案的成功通常是由多種因素決定的，提案某一方面的弱點，很有可能會影響整個提案的發展與成功之路。也就是說，投資人在評斷眾籌提案時，不要只看到利益就盲目跟投，而是要綜合考量提案各方面的因素。同時，面對一個優秀的眾籌提案，也定要抓住機會。

股權眾籌投資人須避開的五個「坑」

股權式眾籌,指的是企業向一般投資人進行融資,而投資人透過出資入股公司成為股東,並且能夠獲得未來收益。

在相關政策的訂立之下,股權式眾籌已逐漸進入人們選擇投資的範圍之一。過去由於股權式眾籌一直遲遲為訂立相關的法律法規,因此許多現實中產生的案例糾紛只能無解。

現行股權眾籌的代表,例如:眾籌咖啡館、眾籌天使投資,都是將眾籌款項作為股權出資注入公司,投資人能持有公司股份,成為眾籌股東。然而這樣的模式涉及到公司的股權結構、經營模式等,使得在眾籌平臺上開展的提案變得複雜許多。

在中國大陸方面,《公司法》中規定,有限責任公司股東不得超過50人,非上市的股份有限公司股東不得超過200人。該設定導致大部分的眾籌股東都不能直接出現在企業工商登記的股東名冊當中,但這種情況可以透過委託持股和持股平臺持股的方式來解決。由於眾籌股東的多樣性和複雜性,眾多股東相對陌生,大多數股東以得到投資回報為目的,並不注重是否參與決策,從而大大削弱股東對經營管理層的控制力道,並在道德風險的掌握上容易出現很大的漏洞。

原來的證券法律制度都是以監管道德風險為主軸推進的,但是對股權眾籌來說,它的發展速度之快,遠遠超過了避開這些道德風險的平臺,留下的是投資人們即將面臨的一個又一個「坑」的殘局。

股權式眾籌投資人所面臨的問題,在中國大陸方面,主要表現在以下幾個方面:

❶ 眾籌股東的持股概念模糊不清

根據相關的法律規定，公司股東有一定的人數限制。因此，一部分參與股權式眾籌的投資人實際上是無法取得合法的股東資格。具體來說，在相關的案例當中，參與投資卻又無法取得合法股東身分的人，在公司中分別會以幾種不同的模式存在：

1. 只顯示實名股東的委託持股模式

這樣的持股模式在委託關係的體制中，是眾籌股東和實名股東的內部約定。雖然法律認可委託持股的合法性，但是，對於眾籌股東來說，還需要有約定性的書面和相關證據，證明眾籌股東確實有委託過實名股東。如果沒有簽署此類書面以及相關證據證明這層委託關係，眾籌公司和實名公司只要不認可眾籌股東的身分，眾籌股東的權益就無法獲得保障，當吃虧時，想在法院討個公道都沒有證據。

2. 在眾籌股東和眾籌公司之間建立持股平臺模式

除了委託持股模式以外，或者在眾籌股東和眾籌公司之間建立一個持股平臺，持股平臺會代替眾籌股東出現在眾籌公司的股東名冊中。但是，由於每一位眾籌股東的身分還是相對隱晦的，所以，他們對眾籌公司幾乎不能產生任何直接的影響。

3. 全員持股的模式

另一種模式，就是公司全員持股，它也是股權式眾籌的一種，僅作為員工的一種福利。雖然在道德領域並沒有很大的風險，還能獲得一定比例的分紅，但是因為沒有所有權、表決權，也無法對持有的股份進行轉讓和出售，所以並不能稱為真正意義上的股東。

❷ 眾籌股東沒有表決權

眾籌股東雖然是公司的股東，卻無法參與公司經營，很難真正實施自己的股東權利，在股東會表決和投票環節上基本都被架空。

從眾籌公司的角度上來看，由於眾籌股東人數的因素，令協調和決策

變得十分困難。在召開股東大會之前，召集成功的機率會因各種因素而大大降低，甚至因為股東太多，導致眾口難調，變成最終無法達成共識的局面，令任何表決都變得障礙重重。在現實操作中，甚至有可能會面臨到因為決策權混亂而導致的散夥悲劇。

從眾籌股東的權利來看，如果不實際參與到決策環節，眾籌股東也將面臨一連串的權益損失。因此，建議眾籌公司不妨參照上市公司的某些做法，例如眾籌股東對眾籌公司的經營情況享有全部的知情權，眾籌公司不定期地披露公司的最新動態與資訊，與完善法律和審計等協力廠商監督機制。當然在推選和罷免負責人方面也應當賦予眾籌股東相應的表決權。

❸ 眾籌股東可能無法享受分紅

在股權式眾籌上，比起股市的虛擬性，股權眾籌的投資提案看得見、摸得著，相對而言收益率也會更有保障，眾籌股東們也期待公司的分紅。但是問題在於，中國《公司法》中並沒有提到公司稅後有可分配利潤就必須分紅的相關規定，在現實上，利潤分配方案政策是需要在股東大會進行表決的，如果股東大會沒有表決通過，或者股東大會不審議這樣的提案，即使有非常可觀的稅後利潤，眾籌股東也無法享受到分紅的權利。

因此在眾籌初期，眾籌股東最好在公司章程中約定相關分紅條款，在條款中要明確眾籌股東的分紅利益的相關實施制度。

❹ 眾籌股東入股未受規範

上面提到的很多「坑」，都是在股權式眾籌相對規範的情況下才可能遇到，而入股方式隨意化則是眾籌股東最大的「坑」。在股權式眾籌中，眾籌的款項是獲取公司股份的一種模式，是一種股東形式的體現，眾籌公司、眾籌發起人和眾籌股東之間是有相關協議、協商的。

但在現實案例中，許多股東眾籌發起人與眾籌股東之間存在著特殊關係，例如是朋友或者熟人介紹等，這會導致很多操作上的未受規範，在沒有看到提案、公司和相關資訊之前就將眾籌款項匯到提案發起人的銀行帳號，這筆款項的性質在法律上的界定可以被理解為實物眾籌，也可理解為

眾籌投資人借款給提案發起人。這會導致兩個結果：第一種是眾籌股東僅拿到眾籌公司的某個產品；另一種即是提案發起人給予還款和少額利息。對於公司股權價值或再高的利潤額都和所謂的眾籌股東不再有任何關係。

因此，眾籌股東匯款之前必須簽署相關的股權協定，簽署之前需要瞭解清楚協定中的相關權益和風險，結合法律資料，根據自身投資的角度將協定規範化。

⑤ 眾籌股東缺乏投資經驗

許多股權式眾籌的投資人會研究一些「風投」的情況來進行學習或模仿，但是這樣的觀念，往往給自己帶來很大的風險。

我們首先來瞭解「風投」的情況，「風投」會向大量提案進行投資，風險投資人大部分的投資專案都會以失敗告終，但只要有少數幾個提案上市，或者被併購，回報的金額不僅可以彌補那些失敗的損失，還能有非常高的盈利餘額。風險投資人一般對行業都會進行深入的研究，對投資專案風險的判斷也十分專業。

但是股權式眾籌是不同於「風投」的，它更趨向於普羅大眾的投資。相對於風投來說，無論從投資經驗，還是對提案和市場風險的判斷能力上，眾籌股東都要差上許多。因此，股權眾籌的參與者千萬不能把自己當「風投」，應儘量找一些傳統性的行業，不要追求高風險、高回報，更不能聽信某些眾籌發起人的鼓吹而盲目跟風，最終導致血本無歸。

記住，風投投資的原則是「投資，就是投人」，在保障機制完善的眾籌平臺上，尋找一個值得信任的眾籌發起人才是投資保障的基礎。

隨著眾籌市場的發展與成熟，在股權式眾籌領域，還會有很多投資人無法預料的問題和陷阱。因此，想要參與到股權眾籌中的投資人在投資之前，對所投提案要有一個詳盡的瞭解。對股權式眾籌的相關法律法規更要讀懂、弄清，避免因為資金的經驗缺失和盲目投資，讓自己掉入「坑」裡，給自己帶來無法彌補的損失。

7-3 眾籌投資人該清楚的四個問題

是投資就有風險，眾籌作為一個新興的投資平臺，同樣存在著不可預估的風險，這就需要投資人對眾籌投資領域多一些瞭解，才能避開可能的未來風險。

那麼，投資人參與眾籌投資時，應該注意哪方面的問題呢？

❶ 眾籌門檻

前述眾籌分為回報式眾籌、股權式眾籌、債權式眾籌、捐贈式眾籌四種，在瞭解眾籌的模式之後，投資人還需要瞭解眾籌提案是否具有一定的門檻，而門檻又是多高呢？

1. 回報式眾籌

產品預售，即回報式眾籌的門檻是相對較低的，一般產品的金額大致在幾百元到幾千元不等，投資人提前繳付產品款項，作為對發起人的支持。發起人在提案中會介紹自己的產品，產品既能是實物，也能是參與及體驗，在投資方案中也會根據不同金額的支援，給予不同等級的回報。

2. 股權式眾籌

股權式眾籌的門檻相對前者來得嚴格許多，為了確保投資人有相應的風險承受能力，眾籌平臺都會設有一定的准入機制。對於股權眾籌，眾籌網站往往會推出領投結合跟投的制度。國外著名股權眾籌網站「AngelList」就是運用這種制度來提高效率。

在中國大陸方面，眾籌網站也會實行以專業風險投資機構充當領投人的模式。先選出一位領投人，之後讓他來負責協調投資人與提案之間的一連串的活動。作為領投人必須有足夠的資金實力作為背景，在投資或者該

領域都必須具備相當高的專業技能和豐富經驗。

作為領投人的條件經常由多方面來考察，例如必須在某個領域有豐富的經驗、豐富的行業資源、在行業中有強大的影響力、能善於獨立判斷、具備很強的風險承受能力，在協助提案完成商業計畫、確定估值、投資條款、融資額度上必須有很強的專業性，並且還要有協助路演完成與投融資等一連串能力。跟投人方面，網站一般以風險承受能力和最低投資限額來作為投資人參與其中的門檻。

3. 債權式眾籌

在中國大陸方面，關於債權式眾籌要從兩方面說明：人人貸「P2P」是針對一些有理財投資想法的人，他們有一定的資金可以透過仲介用信用貸款的方式把資金貸給有借款需求的人。中國仲介會根據《合同法》合理操作，並收取帳戶管理費和相關服務費用。債權式眾籌的另一種方式是「P2C」（企業債權眾籌），「P2C」的平臺都有一定的銀行背景，採用更正規的手段進行操作。

債權式眾籌相對比較穩定，對投資人也沒有太高的門檻限制。

4. 捐贈式眾籌

捐贈式眾籌因為是不求回報的公益性平臺，一般不設門檻限制。

② 回報方式

無論是哪種類型的眾籌投資方式，對多數投資人來說，參與其中的目的不是對產品的熱情，他們最關心的是投資後的回報如何？自己的投資會以什麼樣的方式得到回報？

1. 回報式眾籌的回報方式

在回報式眾籌模式當中，提案發起人會在提案中明確提出回報方案，支持者只需要選擇提案提供的相應案型，並匯入款項，提案結束之後，即可得到案型中所承諾的回報。參與產品眾籌的投資人，期待在獲得回報的同時，能夠與創意者一起完成自己也感興趣的提案。這是產品眾籌的一大

特色，它讓產品預購者充分感受到體驗提案參與的快樂。

2. 債權式眾籌的回報方式

債權式眾籌的回報方式，主要是投資人透過某個平臺向提案或公司進行投資，以獲得相應比例的債權，須交付相關的手續費和服務費，在相應的期限內獲取利息收益並收回本金。

3. 股權式眾籌的回報方式

股權式眾籌是以提案股權的方式回報給投資人。對於股權式眾籌的投資，更類似於投資一家沒有上市的公司。成功將帶來巨大的回報，但也可能出現投資金額無法獲利的風險。

❸ 眾籌風險

世界銀行於曾發布關於「眾籌在發展中國家」可能會面臨的幾類主要風險，包括：籌資人經營破產、投資人成熟度不足、欺詐行為、洗錢等等。

眾籌平臺讓很多創業型企業有了更多的融資方式，也讓投資人找到了一種新的理財管道。但是作為互聯網金融的創新模式，眾籌的崛起速度之快也讓監管工作難以因應。嶄新的商業模式吸引了無數人的同時，風險也步步緊逼著參與到眾籌提案中的投資人。

眾籌平臺的主要用戶都是非公認、非專業的投資人，因此，在對市場做出分析與預估的價值報告等一系列專業領域上，他們可能並不合格。所以，投資人在進行眾籌投資時，需要承擔很大風險。而投資人的成熟度與其所承擔的風險是成反比的，也就是說，投資人對眾籌市場和眾籌風險瞭解地越多，其投資的風險就越小。當然，不同的眾籌模式帶給投資人的風險也是不同的。

那麼，作為投資人應該如何辨別風險，才不會讓自己承受風險帶來的損失呢？針對不同的眾籌模式，需要有不同的風險辨別方式：

1. 回報式眾籌的風險

對於以預售產品進行眾籌的回報式眾籌提案，在產品設計和測試基本完成之後，產品在生產過程中的各個環節都可能發生許多不確定狀況，還有可能因為公司管理方面的不協調，導致因人為因素而影響到提案的進度，這些因素所造成的產品風險都是需要投資人來承擔的。

同時，投資人在挑選投資專案時，需要關注產品的預售價格與產品的實際資訊是否相符，即可有效規避因產品差異產生的風險。

2. 股權式眾籌的風險

股權式眾籌不同於其他的眾籌領域，它涉及公司股權架構。無論在投資人狀態、資金監管、公司模式、投後管理等多方面都會將問題推向複雜化。

在眾多眾籌模式中，最需要投資人注意的就是股權式眾籌。相較來說，股權式眾籌是高回報、也是高風險的眾籌模式。有天使投資人透露，一個股權眾籌的天使投資提案，收益率可以達到31%，但是同樣地，風險也一樣大，如果這個創業公司倒閉，股權眾籌的回報率就是0。

所以，假設股權式眾籌投資人希望獲得一個好的回報，可以在大型的股權眾籌平臺上尋找提案，但是，他們必須有能力挑選出不會在創業早期倒閉的初創企業，因為創業公司在5年之內倒閉的機率非常大，這樣的投資決策是相當具有難度的。

2015年中國證券業協會公布的《私募股權眾籌融資管理辦法》明確規定：股權眾籌應當採取非公開發行的方式，以及參與股權眾籌的投資人門檻、開辦股權眾籌平臺的基本條件和職責等等。規定推出後，隨著問題的升級，投資人如何辨別風險，也成為最矚目的焦點。

（1）投資人要時刻保持理性的狀態

股權式眾籌面對的投資人很多都是一般大眾，有別於專業的風險投資機構，大部分的投資人缺乏豐富的投資經驗，對於投資判斷也相對掌握不佳，更多的是看了提案發起人的商業計畫書之後，就憑著直覺和自己的興趣決定投資的。甚至有些人將投資當成了「投機」，專門選擇一些高風

險、高收益的提案進行參與。

風險投資提案需要深入研究，很多提案都會以失敗告終，只有極少數的可能成功或者被併購。提案一旦失敗，所有資金都將變成泡沫。但是，對於一般投資人來說，這個領域並不能一夜致富，更多的是一夜回到了普通日子。

投資人在辨別股權式眾籌的風險可能時，需要保持冷靜的頭腦，對提案進行有效的考察，儘量參與一些自己相對熟悉的領域，來分散資金投資，降低風險。

（2）投資人須關注平臺資金監管能力

眾多的股權式眾籌平臺在互聯網時代飛速成長，但是許多平臺在監管上卻沒有完善的配套機制，更多的是在摸索。在資金監管方面，不同平臺採取的措施也不相同，有線下私下付款的，也有線上直接付款的，當然有些會借助協力廠商銀行託管和監管。

線下付款的模式，有可能導致資金去向不明確，在提案投資中無法核實資金真正的流向；線上付款則有提案方虛擬投資專案，有攜款潛逃的風險；採取協力廠商託管和監管對投資資金可以產生較大的約束力，在核實資金流向方面，也具有較好的監控作用。投資人只有對資金的流向有一定的瞭解之後，才能理性地選擇眾籌平臺。

（3）投資人時刻跟進提案步伐

在眾多的眾籌案例之中，有些並不是因為提案自身的問題，而是因為創業公司的管理問題，進而導致提案無法進行下去，最終給投資人帶來很大的經濟損失，這對於投資人來說是很不公平的。因此，眾籌提案的投資人在投資某個提案之後，要時刻關注專案的進展情況，瞭解創業公司內部的管理情況，一旦發現問題，及早找到提案發起人，以共同協商解決問題的辦法。

為了更好的規避風險，許多知名的眾籌網站採取了領投和跟投的方式。但在這種模式下，有時候領投人自身也不能夠完全辨別出提案的風險

所在。因此，投資人必須在投入資金後，積極關注提案進度的動態，不能因為有領投人的涉足就對提案不聞不問。

對於眾籌投資人來說，不同的眾籌平臺、不同的眾籌專案，有著不同的風險。投資人在決定投資之前，需要對眾籌平臺、所投提案、提案發起人，以及創業公司後期的管理等諸多方面，都要有一個較深入的瞭解，並隨時保持對提案進展的關注和跟進，避免造成自己不必要的損失。

另外，投資人在投資之前，可以多關注相關方面的動態和風險，對眾籌投資有可能出現的風險有一個大概的瞭解和預估，如此，在風險出現的時候，才能更快地識別和認識到風險的存在，及時調節自己的資金流向，最大限度地減少損失。

3. 債權式眾籌的風險

債權式眾籌在中國主要的表現形式為「P2P」，投資人在選擇「P2P」平臺時，應該參考以下三個方面：

（1）觀察公司的發展規模

目前市場上「P2P」行業的資金門檻相對不高，許多人花錢買個名稱，註冊一個公司之後，就能直接上線操作，因此存在著捲款潛逃的巨大風險。在選擇平臺時，投資人一定要儘量選擇那些規模較大，操作相對較為成熟的知名眾籌平臺。

（2）觀察業務交易環節是否透明

投資人在投入一筆資金之後，對於貸款方的情況是不清楚的，如果「P2P」的平臺能在交易環節中實行透明政策，就能讓資金更加安全。因此在投資人投資時，可以關注這一點來規避資金風險。

（3）觀察平臺自身的風控（風險控制）能力

投資人將資金借給對方的同時，也會發生眾籌提案人還不起錢而產生呆帳的情況，而考驗「P2P」平臺風險控制能力的正是這個環節。因此，許多知名的「P2P」平臺都會設置風險保障資金制度來抵禦這樣的風險。投資人在選擇「P2P」平臺時，要事先考察平臺自身的風控能力，規避不

必要的風險。

　　相比股權式眾籌，債權式眾籌的風險性相當高，如果發生發起人捲款潛逃的狀況，投資人將無法獲得保障，也無法拿回款項。

④ 法律風險

　　眾籌在中國大陸有著非常大的發展空間，但由於牽扯大量的資金和人數，因此在法律上也存在著相當多的問題和風險。作為互聯網金融的新模式，法律風險需要每一個即將涉足眾籌領域的人認真分析和研究。

1. 回報式眾籌的法律風險

　　回報式眾籌相對而言是法律風險最小的一種，它的法律紅線在於融資方可能會發布虛假消息，讓眾籌投資人投資之後無法得到相應的回報，還有可能被動的跟隨提案發起人觸碰到法律的底線。

2. 債權式眾籌的法律風險

　　債權式眾籌的表現形式一般為「P2P」，對於法律風險的範疇最可能觸碰的罪名是非法集資類的刑事犯罪和非法金融的行政違法行為。提案發起人將借款設計成理財產品出現，使投資人的資金進入平臺中間帳戶，產生資金池。而其真實身分得不到及時判別，導致投資人的資金被套住，甚至被作為提案發起人借新還舊的途徑。

3. 股權式眾籌的法律風險

　　股權式眾籌最可能遇到的法律風險是非法證券類違法。雖然眾籌平臺對股權眾籌的提案發起人的股東資訊、產品資訊、公司等都會進行嚴格審查，但是，還是不能完全杜絕非法證券類提案的出現。

　　以上列出的四個問題只是最基本常見的問題，對眾籌投資人來說，在進行眾籌提案投資之前，需要對所投專案、投資人還有眾籌平臺要有較詳細清楚的瞭解，對自己的回報與風險有大概的預期，這樣的投資才是理性而智慧的投資方式。

7-4　投資人該選擇什麼樣的眾籌平臺？

　　一個眾籌提案，從發起到完成，須涉及三方人員：提案發起人、投資人和眾籌平臺。其中，眾多的眾籌投資人中，除了有些提案有風險投資人作為領投人之外，大多數的風險投資人都是一般民眾，他們對眾籌過程中可能出現的風險以及相關的體制規則等並沒有太多瞭解，因此在有些情況下，他們只是被「唬弄」進來，參與到眾籌投資提案當中，而一旦提案出現問題，或者提案發起人利用政策漏洞，進行一些惡意詐騙或是拖欠行為時，一般的投資人往往無力還擊。這個時候，作為將雙方聯繫在一起的眾籌平臺，就需要能利用自己完善的規則和機制，保護投資人的利益不受或少受損失。

　　2015年1月21日，北京「諾米多公司」委託「北京飛度網路科技有限公司」透過其旗下的眾籌平臺「人人投」眾籌融資。以有限合夥企業形式開設餐飲店，雙方就此簽署了《委託融資服務協定》。最終，有86位投資人認購了總額為70.4萬元（人民幣）的股權。就在「諾米多公司」開業前5天，「飛度網路」發現其承租房屬於違章建築、沒有房產證且租金高於同地段均價。這些都是即將開業的餐廳未來發展中的隱患，「諾米多公司」無法保障這個餐廳能夠持續發展。為保護投資人的利益不受損害，「飛度網路」拒絕向「諾米多公司」發放眾籌資金。雙方為此發生糾紛，「諾米多公司」作為原告，於2015年4月14日將「飛度網路」告上了北京海澱法院，要求解除合同，由「飛度網路」支付違約金。

　　在這個案例中，眾籌平臺「人人貸」以拒絕發放融資款的方式，來保

護眾籌投資人的利益。作為眾籌平臺，相比較普通投資人而言，他們對提案以及發起人的關注要更多也更專業，所以，他們也更容易發現其中存在的隱患，更清楚投資人有多大的風險。

在上面這個案例中，在發起這個眾籌餐飲提案後，「諾米多公司」在選址租房等一系列事件中存在的隱患，86位眾籌投資人並不知道，而且，這些投資人也沒有意識到自己應去瞭解此個提案進展的狀況，對自己所投的資金存在多大的風險完全不清楚。如果沒有眾籌平臺在中間進行資金攔截，他們很可能會遭受巨大的損失。

所以，投資人在選擇眾籌平臺的時候，一定要選擇有規模、信譽體制比較健全的平臺。那麼，眾籌投資人在選擇眾籌平臺的時候，需要從哪些方面去考量眾籌平臺是否合適呢？

❶ 眾籌平臺是否正規？

普通投資人在對專案領域比較陌生的情況下，要儘量選擇一些正規、權威、有一定資質的眾籌平臺，來完成眾籌投資過程。一方面，正規的眾籌平臺，一般都有比較完善的機制。在選擇提案時，會進行多方面的考察，對專案未來的風險有一個合理的預估；另一方面，即使提案出現了一些問題，眾籌平臺能及時發現並儘早解決，可以最大限度的減少眾籌投資人的損失。

例如，上述案例中的「人人投」眾籌平臺就是這樣，他們接受的專案基本都是擁有兩家以上店面，而且在盈利方面有保障的發起人。同時，人人投在資金支付環節與協力廠商支付平臺進行合作，投資人和融資方的資金都由協力廠商進行存管，有效規避了融資方在專案未開展前私自動用資金的風險。

❷ 眾籌平臺人員是否專業？

眾籌平臺的相關人員都需要有專業的資質，他們的相關資訊在網站上一般都會有相關介紹。投資人在選擇眾籌平臺的時候，可以從他們的網站

上，多瞭解一些人員資訊，考量他們的專業程度。專業能力較強的平臺人員對提案的風險控制能力和對提案能否盈利的判斷能力都較高。所以，投資人投資他們平臺上的專案風險要相對低一些，而盈利方面可能要相對高一些。

❸ 眾籌平臺相關的法律機制是否健全？

投資人在投資一些股權式眾籌提案的時候，常常會牽涉到一些自己無法預知的問題，例如，領投人代持等一些不是很好界定是非的問題，很多問題會觸及到法律的界線，而投資人本身並不知道。而一個在法律機制較健全的眾籌平臺，可以提前給投資人警告提示，一旦出現問題，眾籌網站也可以充分利用相關的法律知識，幫助投資人儘量減少傷害。

當前，眾籌在中國的發展還處於初級發展階段，因為發展速度極快，也出現了眾籌平臺良莠不齊的情況。而眾多的普通投資人，對眾籌這一融資模式以及存在的風險瞭解的也並不是很多。所以，投資人在選擇眾籌平臺的時候，一定要多做一些相關方面的考察，選擇具權威性的平臺，在最大限度降低損失的前提下，達到最好的盈利。

7-5 眾籌平臺該如何保護投資人？

眾籌模式開啟後，諸多平臺紛紛參與其中，亂象叢生。我們經常會發現許多投資人沒有相關領域的任何經驗，僅憑著感覺和對融資人在網站上發布資訊的認可，就將錢投資出去，在操作上過於草率，導致類似「前一天看中提案投入資金，第二天就後悔想要退出」這樣的鬧劇層出不窮。

發展的迅速，往往意味著相應機制的不完善，而眾籌平臺如何降低投資人風險，加大投資人權益的保護力度，就成了一個迫切需要解決的問題，尤其在股權式眾籌和債權式眾籌這兩種牽扯到巨大資金的眾籌模式當中，投資人的保護問題更是被放到了聚光燈下。

以回報式眾籌、債權式眾籌、股權式眾籌為主，這幾個眾籌平臺由於種類不同，投資人所承擔的風險程度也各不一樣，自然在保護機制上也有著不同的著眼點。

① 回報式眾籌的保護機制

此一眾籌模式大致可以理解為產品的預售模式，多數投資人為了購買還未出廠的商品而提交預付款，而提案發起人在收到款項之後，只要履行承諾將產品實際送到投資人手中即可。

眾籌平臺在這樣的模式中最需要關注的是便是提案的可行性和真實性，切莫讓發起人以誇張的形式誤導投資人預售一款和實際大相徑庭的產品，更重要的是，必須嚴格把關提案操作的可行性。

② 債權式眾籌的保護機制

顧名思義，在此類眾籌模式中，投資人投入資金對提案或公司進行投資，獲得相應比例的債權以期回報利息及本金。眾籌平臺如何保障這部分

投資人的資金安全，便顯得尤為重要。

有些眾籌平臺為了保障投資人的收益和切實降低投資風險，在提案未上線時就預先設立了「風險備用金帳戶」，一旦資金出現逾期問題時，平臺會在24小時內從該帳戶中提供資金用於保障投資人的本息墊付。眾籌平臺完善的風險控制體系不僅給了投資人更多的保障，也為自身的發展描繪了更好的前景。

2015年1月，上海「拍拍貸」金融資訊服務有限公司與中國「光大銀行」正式簽署平臺風險備用金託管協定，首期資金以人民幣1,000萬元作為「拍拍貸」自有資金投入，後續資金則來自於「拍拍貸」向「逾期就賠」專區的借款人所收取的費用。「拍拍貸」將在收取的該等費用中按照借款人的信用等級等資訊計提風險備用金進行專戶管理。「風險備用金帳戶」資金將用於在一定限額內補償「拍拍貸」所服務的「逾期就賠」清單的借出人在借款人逾期還款超過 30日時，所剩餘未還本金或剩餘未還本金和逾期當期利息。

作為中國首家互聯網個人信用借貸平臺，「拍拍貸」一直以來都致力於為平臺投資人提供安全、穩妥的投資環境。2014年10月「拍拍貸」與「長沙銀行」、「華安基金」達成戰略合作協定，並於2015年1月正式推出「拍錢包」業務，實現了平臺用戶資金的銀行存管及站崗資金基金增值，為平臺用戶提供了快捷、安全的資金通道。而此次與「光大銀行」的風險備用金帳戶合作，則意味著「拍拍貸」在為投資用戶提供投資安全保障能力上的又一次提升。

❸ 股權式眾籌的保護機制

作為高風險的眾籌模式，如何掌控風險、確實保護投資人的資金安全是股權眾籌平臺必須面對的挑戰。在此方面，中國大陸知名股權眾籌平臺「人人投」做了一個成功的表率。

2015年1月，北京「諾米多公司」與眾籌網站「人人投」簽署了《委託融資服務協定》，前者委託後者透過眾籌網站尋找投資人，最終，有86位投資人認購了總額為704,000元（人民幣）股權融資，加上前期投資的176,000元，總共達880,000元，用於企業開辦某時尚餐廳。

但是「人人投」並沒有如期付款，「諾米多公司」作為原告，以「人人投」違反了《合夥企業法》為名，於4月將「人人投」告至北京海澱法院，要求解除合同，由「人人投」支付違約金。

庭審時，「人人投」方律師提出了自己的抗辯理由：「諾米多公司」承租的房屋屬於違章建築，且租金遠高於同地段均價，為了保護投資人的資金權益，「人人投」決定不予發放眾籌資金。

且不論庭審結果如何，站在利益角度上來看，「人人投」完全可以對「諾米多公司」承租違章建築，並且存在不合理高租金一事不予置評，不僅沒有官司這檔事，還能為網站成功提案一欄再次添上一筆。但是「人人投」為了保護投資人權益，毅然決定不予發放眾籌資金，這一點在利益當先的社會實屬難能可貴。

除此之外，「人人投」在提案的風險管理上還有其他特色，其平臺將實體店面融資開分店作為審核專案的重要標準。同時，「人人投」在資金支付環節與協力廠商支付平臺進行合作，投資人和提案發起人的資金都由協力廠商進行存管，有效規避了發起人在提案未開展前私自動用資金的風險。

除了眾籌平臺的風險防控機制，投資人在選擇眾籌提案時，自己也應當多留一些心眼，以下為四點建議：

1. 選擇正規、具權威性的眾籌平臺

眾籌平臺良莠不齊，投資人在提案領域相對陌生的情況下，可以儘量選擇一些正規、具權威性、具有公信力的平臺進行投資。切莫只憑著提案

資訊來預想未來成果。在選擇平臺的過程中搜集相關的新聞及網路資料，不要輕易地將炒作當真。

眾籌平臺管理人員需要有專業能力，這些資訊一般都會在網站進行披露。在披露資訊中一般會介紹相關人士，這些專業人士普遍都具有專業投資能力、豐富的投資經驗，以及發掘盈利提案的靈敏度。

2. 分散投資風險

投資人在投資眾籌提案時，切莫將全部資金都投入到一個專案中，簡單來說，就是「不要將雞蛋放到同一個籃子裡」。

3. 證據保留

牽涉到一些代持股權等較敏感的資金領域時，一定要有相關有效的法律合同，或者進行相關的證據保留，以免日後產生不必要的糾紛。

CROWDFUNDING
Dreams Come True

風 險

眾籌的風險與法律問題

當前，「眾籌」於兩岸的發展仍處於初級階段，整體市場尚未成熟，與眾籌相關的配套措施有待完善，也還存在許多的風險和法律相關問題。如何規避風險及避免觸碰法律底線，也成為眾籌平臺與投融資雙方須共同關注的問題。

8-1 眾籌與非法集資的界線在哪裡？

　　眾籌模式引人矚目，好提案在短時間內就能贏得了大量資金，關注度日益增加。然而現今眾籌仍遊走在政策法律不完善的灰色地帶，風險問題亟待解決，非法集資的說法也為各類向的眾籌拉響了警報。

　　眾籌的發展及所面臨到的法律問題關係著眾籌平臺、提案發起人或公司和贊助人的多方利益，權衡這些因素，我們必須判別「法律底線」，避免涉足非法集資的雷區。

　　「非法集資」是指個人或單位在進行集資的時候，沒有按照法定的程式運作。也就是說，在沒有獲得有關當局部門批准的情況下，就擅自以發行股票、債券、投資基金證券或其他債權憑證等方式，向社會群眾籌集資金，並承諾在一定期限內以現金、實物或其他方式向投資人還本付息或給予回報的行為。

　　在中國大陸方面，中國國務院於1998年頒布《非法金融業務活動和非法金融機構取締辦法》後，其他機關紛紛發布相關通知及解釋，最終在2014年3月，由最高人民法院、最高人民檢察院和公安部聯合印發《關於辦理非法集資刑事案件適用法律若干問題的意見》，檔中司法解釋第一條規定「違反國家金融管理法律規定，向社會群眾吸收資金的行為，同時具備四個條件，除刑法另有規定以外，應當認定為非法吸收群眾存款或者變相吸收群眾存款。

　　非法集資有四個特點：

　　（1）未經有關部門依法批准，包括沒有批准許可權部門批准的集資，以及超越批准許可權的集資，以合法經營形式進行資金募集。

　　（2）透過媒體、推介會、廣告宣傳、短信等途徑向社會公開宣傳。

（3）承諾在一定期限內給出資方還本付息，除了貨幣形式以外，透過實物、股權等其他形式給予回報。

（4）向社會不特定物件（社會群眾）進行募資。

具體來說，眾籌與非法集資的區別主要表現在以下幾個方面：

❶ 參與對象的不同

「眾籌」的參與者更多的是對某一類向或行業感興趣的人，透過參與眾籌提案，贊助人在得到利益的同時，更能得到一種參與感。特別是創意產品類的眾籌提案，提案發起人從提案的定位、產品的研發等都讓眾籌贊助人參與，最終聚集眾人的智慧做出一個極致的產品，再透過參與者的體驗和口碑傳播，讓產品與更多人連接。眾籌強調的是一種參與感，這種參與是全方位的，參與眾籌的提案發起人和贊助人之間是一種你中有我、我中有你的關係。

而「非法集資」則是籌資人把籌集到的資金進行資本運作，一般分為「借貸」或「股權投資」兩種模式。在借貸中，借款人追求的是資金的回報，對於提案的營運和管理基本上不參與。而股權投資從一開始投資時，考慮的就不是參與而是退出的問題，即使參與其中，也是後期對於公司的一些重大的營運行為有有限的參與權利。

❷ 目的的不同

「眾籌」的提案發起人發起眾籌的目的，不僅僅只是資金的需求，更需要得到群眾的智慧和口碑的傳播，也就是說，眾籌既是一個籌錢的過程，也是一個籌智、籌資源、籌關係的過程。

而「非法集資」的目的則更簡單直接，就是為了解決資金短缺的問題。由於可供抵押的資產有限，自身實力又不夠，從銀行、信託等傳統融資管道獲得資金有困難，因此只能透過提供較高的回報方式來募集資金。

❸ 風險承受度的不同

最容易與非法集資混淆的是股權式眾籌，股權式眾籌一般不提供固定

的回報，而回報式眾籌也是以折扣或者其他優惠等物質回報方式來制定回報方案。相對而言，「眾籌」的集資是一種理性的市場行為，對籌資的提案類向來說，資金壓力較小。

但是「非法集資」不同，非法集資一般會提供遠高於銀行利息、遠高於基金信託產品收益率等方式提供回報，因此，融資提案的還款壓力非常大，有許多提案就因為承諾的回報太高，最終難以兌現而喪失信用，甚至導致公司破產。而投資人的資金也存在著無法收回的風險。

④ 資訊的公開度不同

「眾籌」是一種新經濟的運作模式，從提案的啟動、市場定位、眾籌計畫、產品的研發、製作等各環節資訊都是透明的，公布資訊都是全方位的。

而「非法集資」則不同，提案發起人公開的資訊是非常有限的，他們的資訊屬於商業祕密。因此，在公布資訊時，要遵守商業祕密的保護協定，參與股權投資的人在參與提案投資之前，一般需要簽訂保密協定。

⑤ 行為特徵的不同

「非法集資」是非法吸收群眾存款或者變相吸收群眾存款，是一種犯罪行為，其中一種罪名就是「非法吸收群眾存款罪」。在中國大陸方面，這種犯罪特徵是：

（1）發行數額在50萬以上。

（2）雖未達到上述數額標準，但擅自發行致使30人以上的投資人購買了股票、公司、企業債券。

（3）不能及時清退清償。

而「眾籌」通常都是以經營實業為目的，眾籌資金不是為了資本的營運。眾籌是一種生產經營行為，大多數的眾籌提案都限定了募集資金的上限，並且對於募集的期限也有嚴格規定，單筆募集的金額較小，對社會的影響也沒有非法集資那樣廣泛。

　　目前，由於與眾籌相關的法律和政策還沒有完善，對各種類型的眾籌模式也未有一個嚴格意義上的界定。因此，尤其是股權式眾籌和債權式眾籌的提案，在其融資過程中，很容易觸碰到相關的法律界線。這也是眾籌平臺和眾籌提案發起人需要特別謹慎的地方，對於投資人來說也是一樣，一旦自己所支持的眾籌提案觸碰了法律，自己的投資資金也會有很大的風險。

　　投資人在對股權式眾籌和債權式眾籌投資的時候，一定要在對相關類向有一個清楚的瞭解之後，再去投資，才能最大限度地減少不必要的損失。

8-2 風險一：缺乏有效的監管機制

隨著眾籌的崛起，各種類型的平臺及不同的眾籌類向都呈現出爆發式的增長趨勢。然而，行業的迅速發展，導致合理有效的監管機制無法及時跟上，眾籌仍處於監管機制缺失的狀態。因為監管力度不夠，在眾籌領域內頻繁出現資金與產品等糾紛，也影響了眾籌的發展與群眾的信任。

美國在通過《JOBS》法案之後，算是確立了遊戲規則，然而在臺灣現行法制不夠完備的情況下，卻可能產生許多法律上的潛在問題。

一方面，因為監管機制的缺乏，許多眾籌平臺在審查眾籌提案時，沒有一個統一標準，導致有些類向鑽了法律漏洞，也導致某些眾籌平臺為了利益而放鬆對提案的審核，使得平臺上發布的眾籌提案良莠不齊，而一般的贊助人又沒有具備很強的識別風險的能力，最終很容易導致贊助人的利益受損。

在眾籌市場監管機制不健全的情況下，對提案發起人來說，一方面他們不了什麼樣的類向屬於違規操作，也導致一些提案在發起人不自知的狀況下，觸犯到法律。而一般的贊助人，更是因為對眾籌及其相關法規知之甚少，也就跟著提案發起人一起，觸碰到法律的界線。

具體來說，眾籌模式的不同，在監管方面面臨的問題也有差別，我們可以根據不同的眾籌模式，分別進行探討。

❶ 捐贈式眾籌於監管面的問題

捐贈式眾籌主要以慈善為主，雖然此一模式不是以營利為目的，但還是會出現一定的詐欺行為。因為監管機制的不完善，導致眾籌行業沒有具體的規範，這種沒有規範有時會被有心人利用，打著慈善的幌子進行非法集資。

② 回報式眾籌於監管面的問題

回報型眾籌因涉及的領域和提案眾多，在缺乏一個完善的監管機制下，更容易出現平臺與提案的未受規範，導致提案贊助人利益受損。

③ 債權式眾籌於監管面的問題

在中國大陸方面，債權式眾籌以「P2P網貸」為主要形式，近年來，中國P2P網貸平臺如雨後春筍般冒出，資金量龐大。雖然高額的投資回報比例讓很多人受益，但由於缺乏法規的規範，加上監管政策不明確，業務操作不細緻等問題，讓「P2P網貸」的風險也隨著交易量的增長而變大。

「P2P網貸」是為個人借貸提供服務的平臺，屬於民間金融。法律對民間金融有一定的保護，但卻沒有得力的監管措施。而且，P2P機構不僅沒有內部監管機制的約束，也缺乏有效的外部監督。很多的P2P平臺只是靠借貸者自行約束，一旦貸款方逃逸，借款方就會遭受很大的損失。

在交易支付結算環節中，P2P平臺為了方便，在機構自有的帳戶中設置了客戶虛擬帳戶，客戶在進行支付結算時會透過機構帳戶。在這種機制下，機構一旦產生道德風險或經營虧損導致倒閉，客戶都會發生資金全盤清空的悲劇。在沒有監管機制的狀態下，甚至可能遭遇龐氏騙局。而「P2P網貸」監管機制的缺失，主要有以下四個方面：

1. 網貸公司註冊成本過低

在中國，註冊一個網貸業務公司只需要100,000元（人民幣），如此低廉的入行門檻讓許多創業者躍躍欲試，然而低門檻也導致許多平臺品質低劣，經營團隊能力不強，在資金管理、結算等各方面資料設想不完善，從而在後期狀況百出。

2. 資金隨意挪用，缺乏管理

「P2P網貸」平臺每天都會產生大量的資金交易，知名的P2P平臺都會將資金存入風評較高的協力廠商平臺。但是由於有關部門對平臺的資金去向沒有一個統一的規定，許多小平臺或者剛成立的新平臺都會自己操縱

這些資金，甚至在瞞著投資人的情況下進行其他操作，例如：進行股票、債券、基金等高風險高收益的投資。在這種情況下，投資人的資金就會存在很大的風險。

3. 網路貸款存在灰色地帶

網路貸款屬於仲介機構，它並不附屬於銀行，也並非銀行合作機構，所以銀監局無法對此地帶進行監管。除此之外，「P2P」平臺並沒有具體的上級主管部門，更沒有准入資質標準的相關規定，對其是否需要資訊披露、內部相關管理都沒有相應的明確要求。一旦出現問題，投資人甚至無法找到一個解決問題的機構。

4. P2P平臺自行擔保

許多「P2P」平臺自行為借款人做擔保，由於審核不嚴格、缺乏風險控制能力，借款人的信用問題難以嚴格考核，甚至出現平臺之間的「同業拆借」，或者平臺之間互兌，最後導致出現帳目不明，錯帳、壞帳屢屢出現。而為這些現象買單的，卻是一般的眾籌投資人。

至今，中國大陸共有55家平臺以上出現捲款潛逃、提款困難、經營不善而倒閉等種種負面消息。幾乎每天都有一家平臺因資金缺乏而陷入困境或倒閉的情況。更有甚者，上線一天就上演「跑路」的鬧劇。根據中國銀監會的資料顯示，截至2015年，在可查的1,400家「P2P」機構中，實際跑路的機構就高達250家。

❹ 股權式眾籌於監管面的問題

股權式眾籌是最需要監管的一種眾籌模式，在中國大陸方面，目前股權眾籌還處於萌芽階段。投資人利益與金融市場秩序的脫節，監管鬆懈導致的種種漏洞，讓多數眾籌提案還未發起就已瀕臨死亡，嚴重影響了股權眾籌的發展，同時，也降低了投資人的投資熱情。

股權式眾籌方面的監管不利，主要表現在以下兩個方面：

1. 缺乏合格的准入制度

在國外較成熟的股權眾籌網站，註冊投資人必須按照相關的法律法規進行認證資格審核，提高投資人的准入門檻可以有效減少對投資人造成損害的機率。在中國，由於缺乏這方面的監管機制，常常會因為投資人缺乏對提案風險控制的理性認識和準確的預估而盲目投資，最終給投資人帶來很大的資金損失。

2. 普通合夥人連帶責任不明確

中國有些股權眾籌平臺透過成立有限合夥企業，將成立的企業作為主體投資於創業融資提案，佔據主要股東席位。彙集有限合夥人與普通合夥人的投資款，由普通合夥人對投資資金做集中管理，此一形式會存在普通合夥人濫用身分，透過與融資方的不正當利益關係，侵蝕有限合夥人利益的巨大風險。股權眾籌如果在保護投資人利益方面做的不完善，就無法持續未來的發展。

總體來說，中國方面的眾籌監管體制的不健全，緣於眾籌的急速發展。目前，相關的監管政策正在不斷訂立，隨著眾籌市場的日趨成熟，將有更完善的監管體制來與之配套，支持眾籌此一民間融資模式的興起。

8-3 風險二：退出機制不完善

　　所謂的「退出機制」，指的是在法律層面上為投資人的退出行為制訂出的相應法律法規。在投資領域，投資人的退出機制是指風險投資機構（或投資人）在所投資的企業（或提案）發展相對成熟或不能繼續健康發展的情況下，將所投入的資本從股權形態轉化為資本形態，以實現資本增值或避免和降低財產損失的機制及相關配套制度的安排。在眾籌投資領域，退出機制主要是針對股權式眾籌此一模式來說的。

　　股權式眾籌的退出機制是股權投資成功與否最為關鍵的一個環節。投資的本質就是進行資本運作，而資本退出是投資人實現收益，同時也是投資人全身而退進行資本再迴圈的前提。對投資人來說，股權式眾籌最大的風險就在於：投資後的管理與退出機制是否已連接好。如果沒有連接好，退出機制不完善，一旦投資人覺得資金有風險想要退出時，沒有一個受規範的程序界定和相關的法律約束，就不能保證投資人的資金能順利退出。

　　目前，股權式眾籌在中國的發展呈快速上升的趨勢，據統計資料顯示，截至2015年底，中國已有143家股權眾籌平臺上線，2015年，僅僅6月份就有「36氪」等3家股權眾籌平臺上線。這意味著股權眾籌進入快速發展的時代，股權式眾籌正在成為引領中國互聯網金融發展的又一波熱潮。

　　然而，在股權式眾籌急速發展的背後，是相關配套機制的滯後，而投資人的退出機制就在其中。在中國股權眾籌領域，普遍面臨著退出機制不完善的困境。絕大多數的股權眾籌平臺的官網上，都沒有設立專門的投資人退出管道。

　　股權式眾籌退出機制的不完善，帶來的直接後果主要表現在兩個方

面：

在投資人方面，絕大多數投資股權式眾籌的投資人都存在無法退出的狀況，因為大多數的創業提案很難進行到「上市」，而投資人要想提前退出，必須出售手中股份。但是，根據中國現行的法律法規，未上市公司的股權不能在公開市場進行交易。因此，在所投公司沒有上市之前，投資人是無法出售自己手中的股份的，也就是說，投資人一旦投資股權式眾籌提案，如果提案沒有上市，投資人就無法退出。

在眾籌平臺方面，因為考慮到個別投資人不合時宜的退出，有可能給眾籌提案的整體發展帶來不利影響。因此，有些股權眾籌平臺不願給予投資人靈活退出的權利，甚至對股權轉讓做出種種限制，例如在約定時間之內不得退出等等，以限制投資人的退出。

有些眾籌平臺已在思考投資人整體的退出方式，這種方式是投資人以基金方式投入到創業提案中，從整體利益的角度上選擇對所投提案的進退。但是，由於整體退出環境尚未完善，加上股權式眾籌才剛起步，還沒有一家平臺成功完成退出提案的操作。

目前，在中國的眾籌市場，雖然相關的法律政策還沒有訂立，股權眾籌的投資人退出機制還不完善，但是，在行業內部已經有眾籌平臺在這方面進入了實質操作的階段：

「路演吧」是中國知名的股權眾籌平臺，在2014年的一次網路直播內部會議上，「路演吧」的創始人劉佰龍和律師虞文濤、李小鵬進行了一場有50多名天使投資人參加的會議，討論的主題圍繞著投資人早期如何獲利以及退出機制。

在這場討論中，劉佰龍表示：「目前股權式眾籌缺少退出機制，為了促進早期全民天使資本順利退出，『路演吧』和平臺組織『太湖天使投資』聯合會將首創股權眾籌平臺退出機制，依照法律成立內部會員協定交易板塊，新股東可以受讓老股東的股權，原始股東可以溢價回購等來實行退出方法。」

在缺乏退出機制的大背景下，機構自行領頭進行相關機制的完善，對眾籌模式在中國的發展將會有很大的推動作用。

2015年6月創立的股權眾籌平臺「36氪」的創始人劉成城透露，「36氪」正在完善股權眾籌投資人的退出機制，另一新成立的股權眾籌平臺「螞蟻金服」的副總裁韓歆毅也表示，希望和「36氪」一起，不斷去完善股權式眾籌的制度和創新，使得這個生態能夠更好地發展。

總體來說，眾籌模式的發展還處於初級階段，相關的體制還不盡完善，股權式眾籌的退出機制也是如此。但是，在飛速發展的眾籌市場，已經與相對滯後的體制之間，產生了不協調。隨著眾籌模式在中國市場日漸成熟，將會有更多平臺參與進來，在行業內部自行完善相關的機制。行業內部的自行完善，在推動眾籌市場發展的同時，也在倒逼相關政策法規的儘快訂立。只有相關的體制健全了，眾籌模式在中國才能快速而穩定地發展。

目前，一些眾籌平臺都還在尋找股權眾籌理想的退出模式，在此，根據投資人選擇退出的時間，設想一些理想的眾籌退出機制模式：

❶ 部分資金參與經營

許多初創企業因為流動資金少，在投資人取得一定利益想要退出時，往往因為資金被佔用，而無法及時地對投資人給予回報。在這樣的情況下，可以選擇給投資人紅利或部分股份，另一部分原始資金繼續留在企業參與經營。如此，既能讓投資人得到一部分既得利益，企業也不至於一下子失去大量資金，導致資金鏈斷裂，影響正常營運。

❷ 以合夥企業方式整體退出

企業在經營過程中，如果投資人在已有營利的情況下選擇退出，想要出售股份。但是因為公司未上市之前，股權不能公開交易，在這樣的情況下，可以選擇所有小股東以合夥企業的方式整體退出，避免不專業的投資人錯過最佳退出時機。

3 企業合併時，折合成新公司股份，再行退出

如果企業因為經營不善或是業務需要，須與其他公司合併，這個時候投資人選擇退出。在這樣的情況下，投資人的股份，可以以一定的折價折合成新企業的股份之後，再核算成現金進行退出。

4 企業上市，直接出售

對於經營良好、已經上市的企業。投資人可以選擇直接出售股份的形式退出。一般來說，這個時候企業的市值是比較高的，投資人選擇這時候出售手中的股份，一是較容易找到接手人，二是股份的售價也會比較高，能給投資人帶來一個不錯的收益。

當然，這些模式只是理想的退出機制設想，在現實當中具體執行的時候，可能還會遇到相當多的狀況，有待循序漸進地改進。

風險三：群眾認知度低，投資經驗不足

2014年，眾籌在中國的發展高度集中，平臺數量急劇上升，眾籌提案和籌資金額也實現了飛速增長。

但是，眾籌在中國的發展並非想像得那麼樂觀。因為機制不健全、民眾認知度低、眾籌模式的發展出現偏差等原因，在眾多眾籌平臺紛紛上線的同時，也有不少平臺開始放棄眾籌。其中，標誌著眾籌在中國起步的第一家眾籌平臺「點名時間」，在營運了3年之後的2014年，對外公開宣布放棄眾籌。

當然，「點名時間」的放棄，並不代表一個行業的發展趨勢。但是，眾籌模式在中國發展過程中所遭遇的一些狀況，還是影響到了眾籌的發展。其中一個最根本的原因在於：一般群眾對眾籌此一融資模式的認知度低，在投融資的過程中，沒有得到一個實質性的完美經驗。

造成群眾認知度低，投資經驗不夠的因素是多方面的，以下分析：

❶ 眾籌爆發式發展，群眾應接不暇

因眾籌模式在中國發展的時間不長，並且是爆發式發展起來的，許多民眾對此一模式有些應接不暇，在人們還沒有弄清楚眾籌是什麼的時候，中國的眾籌平臺就如雨後春筍般地創建起來。

❷ 提案眾籌成功率低

雖然眾籌平臺的發展非常迅速，但是在許多眾籌平臺上發布的眾籌提案所預期的籌資金額普遍較低，多數停留在100,000元（人民幣）以下，並且眾籌提案支持者的數量並不多。因此，眾籌平臺上的提案最終成功的機率並不高。

同時，縱觀眾籌平臺上的提案主題，大多存在著嚴重的相仿現象，缺乏優質的提案與創業團隊是現有眾籌最大的問題，在此背景下，導致眾籌提案審核通過率低，難以提高籌資成功率。

③ 眾籌提案良莠不齊

因為平臺上發布的提案少，而且成功率低。因此，眾籌平臺為了自身的生存和發展，在吸引提案的時候，間接放鬆了對提案的審核標準，降低了提案的准入門檻，導致了平臺上的提案良莠不齊。這樣的狀態直接影響了投資人對提案的支持程度，也影響眾籌提案的成功率。

④ 眾籌平臺路線偏差

有些眾籌平臺為了生存，採取主動尋找熱門提案的方法。為了吸引優質提案，許多平臺甚至取消了服務費，成為了免費平臺。

另一方面，因為眾籌模式在中國的發展太過迅速，相關的監管機制又未能及時跟上。導致此一模式發生了一些變化，許多眾籌平臺出現了「泛眾籌化」的現象，在眾籌平臺上發布提案的目的不是為了籌資，而是為了宣傳和推廣，眾籌平臺更像是一個廣告推廣平臺。這樣的發展模式，在很大程度上也影響了群眾對眾籌的認知發生偏差。

⑤ 監管機制滯後

在中國方面，導致投資人投資經驗不夠的另一個重要因素在於：監管的力度和相關體制未完善，群眾在這個過程中沒有得到一些實質讓他們信服和滿意的東西。例如，由於監管層設定了「不得承諾現金回報」此一界線，投資人無法得到一個即時的回報，對提案發起人的信用沒有把握，對眾籌提案的資金安全就會存在疑問，最終導致一般投資人不敢投資。而有些提案的融資方也確實存在濫用資金的情況，這樣的做法直接降低了眾籌模式的信用，抑制了此一行業的發展。

並且，因為相關機制的不健全，一些領域內的投資沒有一個明確的規定來保障，在沒有保障的前提下，投資人不敢隨意投資。並且，因為沒有

相關的法律界定，投資人唯恐觸及法律，也是導致其不敢涉足眾籌的因素之一。

⑥ 受個人收入的影響

具專業人士分析，一般群眾的認知度低，投資經驗不夠，同時也受到中國民眾收入普遍偏低的影響。收入水準低，讓一般民眾在投資時更為謹慎，面對各方面發展還不是很成熟的新融資模式，許多投資人不敢貿然參與其中，大多保持一種持幣觀望的態度。並且，收入低的人群對於新的融資平臺也沒有太多的關注和瞭解的欲望，這也是人們對眾籌此一模式認知度低的一個因素。

總體來說，無論是哪些因素引起的，對眾籌模式的群眾認知度低，投資經驗不夠的現狀，在很大程度上影響到了眾籌在中國的發展。雖說眾籌在中國取得了飛速的發展，但是，這樣的發展還不是一個完全意義上的發展，因為一般群眾對於眾籌的認知度低、投資經驗不夠，導致了眾籌提案的成功率低，又反過來影響了投資人投資眾籌提案的熱情，同時還影響到優質提案對眾籌平臺的信任度。

這樣的現狀根源來自於眾籌的發展太快及相關因應機制的滯後，也可以說，隨著眾籌的普及和相關機制的健全，眾籌此一模式將更快地被一般群眾認可。作為一種新的民間融資模式，眾籌將會吸引更多的一般投資人參與進來，共同促進眾籌模式的發展。

8-5 股權眾籌在中國面臨的問題

自2011年7月眾籌平臺「點名時間」的上線，眾籌在中國的發展已經有5年的時間。在這5年，眾籌在中國的發展速度非常快，尤其是2014年以後，眾籌幾乎呈現出一種爆發式增長的趨勢，各個領域、各種類型的眾籌平臺急速增長，各類眾籌融資提案也大大增加。在這些眾籌平臺中，股權式眾籌的發展要比其他類型的眾籌發展更快。

2015年，「京東」、「36氪」、「螞蟻金服」等股權眾籌平臺相繼上線，京東和阿里巴巴等大平臺的加入，進一步推動了股權式眾籌的快速發展。從籌資金額上，2015年，京東和淘寶兩大眾籌平臺的籌資金額占了整個眾籌平臺籌資金額的大部分，從另一個角度能說明大平臺的能力與對眾籌的推動作用。

眾籌在中國的發展整體呈現出一個非常正向的趨勢。從未來發展趨勢看，股權眾籌在中國面臨著更多的機遇，主要表現在以下三個方面：

❶ 相關的監管機制呼之欲出

與股式權眾籌的快速發展相對應的是，在眾籌發展過程中，一直滯後於眾籌發展速度的相關的配套機制也正緊鑼密鼓地制定完善中，與眾籌相關的監管政策呼之欲出。

自2014年年初，中國明確眾籌監管部門歸屬證監會以後，證監會就開始擬定眾籌領域的相關監管制度，並進行過多次組織調查研究活動。2月，證監會在北京、深圳等地調查、研究股權式眾籌，「天使匯」、「大家投」等股權眾籌平臺都曾接待過來自證監會的調查研究團隊。

2014年5月，證監會針對正在擬定的眾籌監管制度，徵求了業內專業人士的意見，多家「P2P網貸」人士、眾籌平臺人士參與了這一調查研究

活動，在這次調查研究活動中，一些被監管層認可的眾籌共識正在迅速形成。

在中國的資本市場，一直非常敏感的「200人」界線問題，有了新的規定。在新的眾籌監管政策中，眾籌將被暫定為非公開發行，其發行對象仍需要是特定對象，發行人數不得超過200人。中國許多眾籌平臺為了規避200人界線所採取的股份代持方式將被限制，合夥人方式也將打通，真實的股東數量將完全統計出來，一般投資人的權益將會得到有效的保障。而透過有限合夥或者代持的方式突破人數上限者的行為，均是違規行為。

在中國新的監管政策中，將允許眾籌平臺透過線上和線下結合的方式經營，資金繳付傾向於歸線上管理。而對於投資人的資金安全問題，監管層認為眾籌平臺不得插手提案資金的管理。股權眾籌平臺的資金，必須找有託管資質的銀行託管。

在新的監管政策中，投資人的資格有了嚴格的規定，眾籌對象必須是平臺內的註冊會員。目前中國的幾大眾籌平臺上，「天使匯」與「創投圈」都實行了認證投資人制度，沒有證券投資經驗的個人投資人被禁止參與股權眾籌。而「大家投」提倡「全民天使」，人人都可以做投資；「愛創業」也提倡「人人可以當天使」，也沒有實行投資人認證制度，但是有一個限定是，提案只有得到機構投資人的認可後，個人投資人才可以進行跟投。

新政策中對投資人門檻的提高，可以有效降低投資人的風險，這對於一般的大眾投資人來說，是一個利好的規定。

就在這次調查研究結果還未確定之時，2014年12月，為在證監會創新業務監管部支援下，中國證券業協會起草了《私募股權眾籌融資管理辦法》，公開徵求意見。

在《私募股權眾籌融資管理辦法》中，對眾籌的基本原則、適用範圍、管理機制以及眾籌平臺的准入制度、融資者與投資人的資格和職責等方面都做了詳細的規定。一旦未來更加完善的行業監管細則訂立，眾籌行

業在中國的發展態勢將會受到一定的約束，眾籌將會朝著規範化的方向良性發展。

進入2015年以後，針對股權式眾籌的監管制度力度加大。在眾籌平臺的資格、融資額度、發行對象等方面都有嚴格的規定。

2015年8月，中國證監會下發了《關於對透過互聯網開展股權融資活動的機構進行專項檢查的通知》，對股權式眾籌的定義重新進行了界定，在這個通知中，明確將股權式眾籌定位於公募股權式眾籌，只有拿到牌照才能經營。

這就意味著，除了目前已經取得公募股權眾籌試點資格的「阿里巴巴」、「京東」和「平安」之外，市面上其他所謂股權眾籌平臺都將被定義為互聯網非公開股權融資平臺，這些平臺所從事的融資業務也將另行訂立相關的管理辦法進行規定。在業內人士看來，此次專項檢查正是監管訂立前的一次市場調查。

對股權式眾籌市場的嚴格清查，將使此一市場更加受到規範，也為股權眾籌在未來的發展掃除了障礙。

❷ 龐大的資金需求與供給市場

「大眾創業」的熱潮，催生了眾多創業企業的創立，尤其是高科技、輕資產的小微企業，這些企業共同的特點就是有創意、沒資金。在這當中，能夠拿到天使投資人投資的提案只是鳳毛麟角，大多數的創業企業更需要透過眾籌方式來籌集資金。

另一方面，眾多的一般投資人對風險比較大的理財方式不敢貿然涉足，他們的閒散資金也期望透過投資眾籌提案，獲得原始股份，為自己盈利。並且，隨著眾籌在中國的日漸成熟，相關的配套機制日趨完善，眾籌領域的投資風險也會更小。因此，當前對於股權式眾籌的發展是一個很好的機遇。

❸ 個人徵信市場化的開啟

2015年，中國央行訂立了《關於做好個人徵信業務準備工作的通知》，明確要求包括「騰訊」徵信有限公司在內的8家機構做好個人徵信業務的準備工作，均給予6個月的準備時間。此一措施意味著正式開啟了國內個人徵信市場化的閘門。這8家機構，是中國首批開展個人徵信業務的機構，在此之前，央行已經向26家企業發放過企業徵信牌照。個人徵信業務的開展，將有效地提升互聯網金融市場中，個人資訊披露的透明度，對建立可靠的眾籌平臺和篩選出優質的眾籌類提案提供了更好的保障。對於眾籌提案發起人來說，這是一個利好的消息。

就在這8家個人徵信牌照尚未下發的時候，「騰訊」徵信就已經收到了來自「P2P」和眾籌平臺的合作申請。接下來，「京東」和「萬達」也表示了有申請個人徵信牌照的計畫，並同時涉足股權式眾籌領域。目前，「京東」股權眾籌已經上線。

2015年，是中國「股權式眾籌元年」，股權眾籌在中國才剛開始，龐大的資金供需市場為股權式眾籌的發展提供了一個很大的空間，而即將訂立的配套政策和個人徵信業務的開啟，將在股權式眾籌未來的發展過程中發揮保護的作用。

8-6 眾籌的法律風險及其防範

　　「眾籌」真的這麼好嗎？其實眾籌背後也隱藏了許多風險。列舉如下：

　　1.（提案發起人）非法集資。

　　（※中國大陸的債權式眾籌有一半可能是非法集資，一開始的動機就是詐騙。）

　　2. 提案中的智慧財產權被抄襲。

　　（※你有一個很棒的idea，將它放在眾籌平臺上曝光了之後，結果你的提案沒有眾籌成功，三個月後，別人竊取你的idea開了公司，賺了很多錢。要注意此種風險，因此最好去申請產品專利。）

　　3. 提案集資失敗。

　　4.（投資人）法律地位。

　　5. 沒有收益或流動性陷阱。

　　（※流動性陷阱指的是有資產，沒有現金。）

　　6. 領投人詐欺。

　　（※股權式眾籌要上市的話，須有領投人，領投人必須是國內的證券公司，領投人詐欺在臺灣的發生率很低，在中國大陸較高，因為臺灣的證券公司幾乎都屬於某個金控集團。）

　　如果不能遵守規範操作，眾籌在法律上會存在諸多問題，易引發相當大的風險，每一個即將涉足眾籌領域的人士都應當認真分析和研究眾籌的法律風險。

　　那麼，目前眾籌在中國會碰到哪些法律風險呢，以下幾點闡述將會一一提到。

❶ 刑事風險

對於傳統互聯網創業者，如果失敗了，最大的風險莫過於資金的巨大損失，甚至破產，但是對於互聯網金融創業者來說，如果踩到了法律界線，可能進去就出不來了。就當前中國相關法律來看，眾籌將面臨互聯網金融領域最大的刑事風險。主要表現在以下幾個方面：

1. 非法集資類刑事犯罪

關於非法集資類犯罪，《刑法》做了明確的規定，將非法集資罪分為兩大類：「非法吸收群眾存款罪」和「集資詐騙罪」。

相比「非法吸收群眾存款罪」，「集資詐騙罪」來得更為嚴重。眾籌在涉及第二種非法集資刑事類犯罪時，如果涉及金額特別巨大並給人民及國家利益帶來特別大的損失時，可能會判處無期徒刑甚至死刑。在債權式眾籌模式中，「P2P網貸」容易透過資金池的方式形成該類犯罪。目前有部分涉及犯罪的「P2P」平臺已被司法機關立案偵查，這些法律問題，提案發起人和眾籌平臺都需要時時警惕，注意防範。

2. 非法證券類犯罪

非法證券類犯罪明確界定了兩種罪名:「欺詐發行證券罪」和「擅自發行證券罪」。大多數的眾籌操作過程中，可能不會存在發行虛假股份，但可能誇大公司股份價值和實際財務，資料與實情不相符合。因此，我們必須充分瞭解第一種罪名的實質，以免誤踩法律界線，最終抱憾終生。

根據中國刑法第一百六十條：「在招股說明、認股書、公司、企業債券募集辦法種隱瞞重要事實或者編造重大虛假內容，發行股票或者公司企業債券，數額巨大，後果嚴重或者造成其他嚴重情節的，處五年以下有期徒刑或拘役，並處以罰金。」

股權眾籌的模式最易觸及第二種罪名，即「擅自發行證券罪」。由此可見，公開發行股份必須依法經過有效部門的審批，在股權式眾籌領域，如果發起人公開向不特定人群進行招募，人數超過200人的都將構成擅自

發行證券罪。

② 行政法風險

中國眾籌提案除了情節嚴重者觸犯到刑法以外，對於情節較輕、達不到刑事立案標準的違法眾籌類向，則有觸犯行政法規的風險。眾籌可能觸及到的相關行政法規主要有：

1. 證券類行政違法行為

《證券法》第10條第一款：「公開發行證券，必須符合法律、行政法規規定的條件，並依法報經國務院證券監督管理機構或者國務院授權的部門核准；未經依法核准，任何單位和個人不得公開發行證券」有下列情形之一的，都被認定為公開發行。

（1）向不特定對象發行證券。

（2）向累計超過200個特定對象發行證券。

（3）其他法律、行政法規規定的行為。

除此之外，在非公開發行證券的過程中，不得採用廣告、公開勸誘和變相公開的方式進行發行。

股權式眾籌應嚴格根據規定執行平臺操作，切莫疏忽而，誤踩「紅線」。

2. 非法集資類行政違法行為

在刑事法律的非法集資行為無法達立案標準，則有可能構成非法集資行政違法行為，必須依法承擔相應責任。

在行政範疇內，未經中國人民銀行批准，擅自設立從事或者主要從事吸收存款、發放貸款、辦理結算、票據貼現、資金拆借、信託投資、金融租賃、融資擔保、外匯買賣等金融業務活動的機構都稱為非法金融機構，這些操作情節未達刑事立案標準的都按行政法律違法行為處理。

非法集資在中國現象氾濫，四種眾籌類型中最容易觸碰非法集資的當屬債權式眾籌。在操作此類眾籌時一定要參考法律，避免擅作主張，惹禍

上身。

③ 民事法風險

眾籌是一種群眾募資行為，所牽扯的人數和領域非常多，因此很容易引起民事上的糾紛。在中國大陸方面，在眾籌操作中需要注意的四類民事法律風險：

1. 合同違約

在回報式眾籌中經常會以產品預售模式來與投資人簽約，民事法律糾紛上常常會遇到產品品質不合約定、交期延長、甚至牽扯到提案沒有成功，卻無法如期還款的局面，這些情況都會涉及到合同違約的糾紛案件。

2. 股權糾紛

在股權式眾籌模式中，為了規避證券法風險，常常透過股權代持或者領投結合跟投的方式進行投資。在採取此方式的過程中，如果約定沒有規範化，後期不免會產生大量股權糾紛案件。

3. 退出問題

股權式眾籌尚未制定完善的退出機制，所以在股權退出環節，容易產生大量的民事糾紛案件。

4. 訴訟程式問題

前三類都屬於實際的民事法律問題，對於第四類問題主要產生在訟訴主體資格確定、集體訟訴、認定電子證據、損失標準如何確定等諸多民事訴訟程式上的爭議。因此我們在涉足眾籌領域之前，一定要好好仔細研究相關法律，避免將來產生不必要的法律問題，最終影響整個局面。

在中國大陸方面，最後透過四種類型的眾籌，討論如何防範這些法律問題：

① 債權式眾籌的風險防範

債權式眾籌表現形式一般為「P2P」，對於法律風險的範疇最可能觸

碰的罪名是「非法集資類的刑事犯罪」和「非法金融的行政違法行為」。

為了最大程度避開法律風險，首先，「P2P」平臺不能採用「資金池」的模式。其次對借款人需要嚴格審查身分的真實性和發布相關資訊的可靠性。最後，平臺一定避免出現「以借新還舊」的操作模式，拒絕旁氏騙局。平臺儘量不直接經手資金，不為資金需求方提供擔保。任何平臺承諾回報等敏感資訊杜絕出現在平臺上。

❷ 股權式眾籌的風險防範

股權式眾籌中，創業公司在互聯網上兜售股份，募集資金，投資人以持股方式作為投資形式，目前屬於法律風險最大的眾籌類型。它可能觸碰到「非法證券類刑事法律犯罪」和「非法證券類的行政違法行為」。

為了最大程度上避免這些法律風險，一定需要瞭解以下6個注意點。

（1）不向非特定對象發行股份。

（2）不向超過200個特定對象發行股份。

（3）不採用變相公開方式發行股份。

（4）對融資方嚴格審查身分及提案的真實性，不發佈虛假及存在極大風險的類向。

（5）對投資方資格嚴格審核，告知相關投資風險。

（6）不以平臺公開募股。

在中國《證券法》第10條第一款的規定下，發行人如果希望豁免核准程式，只能透過「非公開發行」的界定來實現。在現行法下股權眾籌的合法途徑只有透過私募眾籌來得以實現。

根據法律規定，非公開發行證券只有一種界定方式即向特定物件發行累計不超過200人。特定物件的定義《證券法》並未展開明確的規定。所以理論上認為那些能夠在法律上足以保護自己的投資人可以稱為特定對象，他們與發行人可能存在特殊關係，在投資經驗方面也有一定的見解，並有足夠的財產作為背景。

按照法律規定，實際操作中，需在特定人群中去推廣，確定投資人是

否有風險承受能力，並且由線上轉為線下，以合法的形式參與入股。這樣能有效規避向非特定投資人集資的風險。

③ 回報式眾籌與捐贈式眾籌的風險防範

回報式眾籌和捐贈式眾籌相對而言是法律風險最小的一種。它們的法律紅線在於融資方發布虛假消息，這樣的操作可能觸及「集資詐騙」的刑事法律風險和「非法金融類的行政違法行為」。

為了最大程度避免法律風險，建議平臺在審查發布人資訊時需要嚴格監督，避免虛假資訊發布，對於募集資金要求嚴格監管，在回報式眾籌類型中需要保證提案發起人按約履行所承諾的回報方案，平臺儘量避免為提案發起人提供任何擔保責任。

最後，需要注意的是，四種類型的眾籌提案都可能會遇到民事法律風險，為了避免不必要的民事糾紛，各類眾籌在設計模式和交易流程上要注意每一個細節，用法律規範，以免發生約定不清，導致雙方爭議。尤其在電子簽署上要做好備檔，這些都關係協議的條規與雙方的認可。

在股權式眾籌代持環節，必須簽訂有法律效益的代持檔或者保留相關法律認可的證據作為保障。這些措施都能在一定基礎上避免將來產生的種種民事糾紛，當然還需要當事人結合現下法律更細節地制定相關方案。

在臺灣方面的法律與風險，如下說明：

臺灣眾籌平臺與贊助人的法律關係

當提案發起人與贊助人之間發生爭議時，眾籌平臺是否須對募資糾紛負擔法律責任？

據臺灣法律，若套用傳統交易平臺之概念，眾籌平臺只扮演居中之角色，對提案人和提案沒有任何審核或保證，也沒有對贊助人收取任何費用，因此很難認為眾籌平臺要對籌資糾紛負擔法律責任。

但反過來說，若眾籌平臺為了增加特色或吸引力，令贊助人信任，有提供相關審核和保證服務，此時，就必須為其審核和保證的內容負擔法律

責任。

目前臺灣的眾籌平臺均尚在發展邁步階段，並未見到有平臺提供這樣的服務。建議贊助人在出資前，應審慎瞭解提案人之信用與提案之可行性，避免可能的出資爭議與法律風險。

1. 眾籌是公益募款嗎？

依「公益勸募條例」規定，只有特定團體，例如：社團法人、公立學校等可進行公益勸募。因此，若提案發起人不是前述的特定團體，卻在眾籌平臺上進行所謂的「公益勸募」，就有可能違反公益勸募條例的規定，違者主管機關得處新臺幣4萬元以上，20萬元以下之罰鍰。

因此，臺灣的眾籌平臺如「flyingV」就有限制，除非經過主管機關同意，否則原則上不得進行公益勸募行為。

那麼，什麼是「公益勸募」？指的是基於公益目的，募集財物或接受捐贈之勸募行為及其管理之行為。此外，從事政治活動之團體或個人，基於募集政治活動經費之目的募集財物或接受捐贈，以及宗教團體、寺廟、教堂或個人，基於募集宗教活動經費之目的，募集財物或接受捐贈之行為都會受到公益勸募條例的管制。

然而，尤其是捐贈式眾籌與公益募款相似，因此臺灣內政部為了在不修法的情況下解決問題，傾向於作限縮解釋。目前主管機關傾向於管制「募款行為」、但不管制「捐款行為」。具體來說，也就是不得向不特定多數人公開帳戶資料進行募款，但是如果只是出資人看到出資計畫資訊（僅有提案內容，沒有匯款帳戶），便「主動」向平臺表示想要出資，等到募資金額達成之後，平臺才把款項匯給提案發起人，如此操作，便可認定群眾的出資為「捐款行為」。若採此一解釋，將大大減低群眾募資在現行法下違反公益勸募條例的風險。釐清「公益勸募」的定義，一切都很清楚。未來期待臺灣的主管機關能再尋求修正。

2. 眾籌會被認定為「吸金」嗎？

將眾籌平臺與吸金的投資公司相比，確實有所差異。反而是「借貸模式」（the lending model）與眾籌平臺會較相似。如果平臺運作模式如「借貸模式」運作（即出資人借錢給提案發起人，提案發起人返還本金加計利息），那麼確實有違反「銀行法」所規定，非銀行不得辦理收受存款行為的疑慮。

但是，現行的眾籌平臺運作方式並非如此，單就「平臺設置者」的角度觀察，若其僅扮演中介資金撥付的工作，並未實際將募得資金置於自己的支配之下，自然較無收受存款的問題。就贊助人而言，贊助人自己也不會將其出資行為定位為向平臺存付款項，因此，自銀行法的立法意旨出發，並不至於有觸法疑慮。

依司法實務上「對銀行法」的解釋，「提案發起人」反而較有可能被認定涉及違法吸收存款。因為銀行法相關條文的構成要件為「對不特定人收受款項」以及「約定返還本金或給付相當或高於本金之行為」。提案發起人如果提供了相當於出資額度的對價，甚至更高，則計畫發起人將很可能該當違法吸收存款。

然而，在認定是否為收取存款的行為，需進一步觀察「存款之時間」及「金額」，以社會一般價值判斷，足以認為提案發起人是以此經營業務者，如果提案發起人只是收取小額款項，發起整個計畫的時間不夠長久，就不會構成吸金行為。

3. 眾籌算是投資行為嗎？

眾籌可否運用於（小額）創業之股權投資，是臺灣現行眾籌實務與美國《JOBS法案》的規則之間差異最大的地方，依據臺灣「證券交易法」第2條規定「發行人募集、發行、買賣有價證券都應適用證交法的範疇。」若眾籌中的新創公司採取「發放公司之新股或新股認購權利證書等憑證予出資者」作為眾籌計畫的本質，可能會受到「證交法」之管制。

以適用臺灣「證交法」之結果，對於採用眾籌方式成立或籌資的新創公司將會負擔過大，因為依據「證交法」規定，發行、募集有價證券需向主管機關（金管會）申報生效後方得發行，且需定期公開財務報告，並由會計師查核簽證，另外還有股權分散、內部人持股成數的要求等，這些法規遵循成本對於採取眾籌的提案發起人來說，恐屬太沉重，因為，提案發起人就是沒有資金才會選擇眾籌。

不論是美國的《JOBS法案》，還是櫃買中心規劃的「創櫃板」，皆僅針對「股權式眾籌」的眾籌平臺給予法源依據及建立募款機制，但臺灣對於其他型態的眾籌行為仍欠缺相關法源依據，且對於商業營利的眾籌網站也缺乏相關管理機制，使得眾籌行為與眾籌平臺的經營上仍存在有許多適法性的問題待解決。

4. 眾籌與詐欺可能

目前的眾籌案例並未因延遲出貨，而有法律詐欺案成立，但確實引發不少爭議及討論。博盛法律事務所的律師呂聿雙認為，「眾籌」是一個概括的名詞，在這個觀念下其實包含很多種運作模式，模式不同，對價關係就會不同，法律關係和適用的法律也有差異。

例如，捐贈式眾籌的贊助人沒有任何回報，在法律上會被認為是「贈與」，適用民法中贈與的規定。

例如，回報式眾籌是一種預購商品模式，贊助人出資，專案完成後可獲得所開發的商品。此模式就如同網路購物，只是較晚到貨，在法律上會被認為是「買賣」，適用民法中買賣的規定，當然也適用消保法的7日鑑賞期。贊助人如果獲得贈品或是折價券，如贊助人捐款支持遊戲開發，可獲得遊戲海報、模型等，贊助人所付出的和獲得的是不等價的，此模式兼有「贈與」與「買賣」的特性，必須依實際個案情況決定適用的法律。

以目前較常發生的提案發起人延遲交貨的狀況來看，呂聿雙律師認為，較接近「預購模式」，即買賣關係，出資者可依據民法催告提案者履

行契約、 解除契約要求退費、請求因遲延導致的損害賠償等。

至於「刑法詐欺罪」，必須主觀上有詐取錢財的意圖，提案人若是假立名義收取錢財，但根本沒有實踐提案的打算，才可能構成詐欺罪。單純因客觀因素導致提案失敗，產品做不出來，則屬「民事糾紛」，不構成刑法之詐欺罪。

眾籌與個人資料保護法

2012年10月剛生效的臺灣新個人資料保護法，使得無論是哪一種行業，都必須更加側重個人資料的保護。

由於國內外眾籌平臺多半採取會員制，在提供平臺、管理及金流協助等服務時，勢必需要蒐集、處理、利用大量的個人資料。若以現行個資法的標準，無論國內、外的募資平臺，皆有可以改進的空間。

「眾籌」所涉及的法律問題非常地廣，舉凡消保法、公平交易法、公益勸募條例、個人資料保護法、著作權法、銀行法、證券交易法等等，都與眾籌脫不了關係。而主管機關舉凡金管會、內政部、國稅局、中央銀行等也都有各自的負責範圍，然而從這些機關的態度，也可窺見其態度是相對保守的，除了較不傾向在現階段直接處理「眾籌」問題之外，對於是否屬於主管範圍，也多採取「限縮」的解釋方式。

其實，「眾籌」在臺灣雖無專法，但由於這套制度的本質，只是一個中立的資源募集平臺。從這個角度出發，平臺本身當然不會因為參與眾籌而有違法。

CROWDFUNDING
Dreams Come True

未 來

眾籌的未來趨勢演變

「眾籌」就像土壤，由提案發起人播種，再與投資人共同
呵護緩慢成長的幼苗，在幼苗的成長過程中，須不斷澆水
施肥，直到幼苗長成參天大樹。對眾籌平臺來說，必須做
到將更多服務化理念運用於平臺之上，才能走得更遠、更
長久。

9-1 傳統產業因眾籌產生轉變

當互聯網與金融合作，並深度磨合之後，眾籌的傳奇便開始了，同時給傳統產業注入了新力量，使傳統產業能夠在互聯網這個平臺上營運。而傳統產業正是因為眾籌而產生轉變。

❶ 農業、工業與網路時代的不同

農業時代是用自己的錢幹自己的事兒，工業時代是用資本的錢幹自己想幹的事兒，但是你能募集到資本的錢就已經很不容易，除非你自己或你父親就是大資本家。現在是網路時代，網路時代是用「end user」（最終消費者）的錢幫「end user」幹事兒，也就是說思考你的產品或服務最終會使用到的是哪些人，就請他們出資。

例如，你有一個idea，不一定是產品或服務，你要服務的是「最終消費者」，那麼你在有具體的構想之前，便可以與最終消費者收錢，收完了錢，再將你想做的提案實現之後，再來服務他們。在這個流程當中你可能賺到了錢，甚至你的公司上市了也有可能。

❷ 眾籌讓消費者成為「生產者」

眾籌成功打入了互聯網，並演繹得如此精彩，絕非偶然。眾籌完美地建立起提案發起人與贊助人之間的社交平臺，將消費者需求切實地融入到眾籌提案之中。

馬雲說：「未來是C2B的時代」，即消費者對企業（customer to business）。也就是說生產者會根據消費者的需求來生產產品，消費者將不再只是消費產品，反而參與到產品生產的過程中。眾籌，無疑將消費者需求和產品生產完美地結合在一起。

毫無疑問，無論任何一種眾籌類型，其意義都不僅僅在於獲得資金的支持，而是更在於獲得眾人或者潛在消費者對產品的回饋和意見。這在傳統生產製造企業表現尤為明顯。

在國外，眾籌已經是一個相對成熟的領域，公司或者其他形式的生產者在產品推向市場前都會習慣性地將其放到一些知名的眾籌網上進行測試。這樣做不僅能有效獲得市場資料，還能在眾籌的過程中為公司做一次深度的市場調查，累積客戶群，並根據市場回饋採納眾人的意見來調整產品的設計和生產。

2015年9月4日，由遼寧省建平縣懷志雜糧有限公司發起的「（15年新米——我的夢想）讓更多人吃上放心糧」眾籌案已籌款成功，旨在讓人們吃上有機紅谷小米，該小米種植期間不使用化肥，不噴灑農藥，口感好、營養價值高，提案僅上線一天便完成了100%眾籌，結束時已籌集的資金是預期的4倍，可見此專案受到了群眾喜愛。

此一提案的成功，使得有機基地的種植人員不再擔心農作物長成後銷量不好、長期滯留，並且能夠根據「眾籌網」上的支持度來分析市場的需求度，以此來調整有機小米的種植與生產，維持產量與銷量的平衡。

圖9-1 ▲ 「有機紅谷小米」募資頁面

因此，能充分鼓勵種植人員的工作積極性與熱情，培育出更加優質的小米，買家吃的放心，賣家便更有幹勁，如此良性循環下去，中國農業便能再放光彩。

事實上，公司作為眾籌提案發起人，他們的目的已經從籌集資金轉變為得到一份切實可靠的市場調查研究。提案發起人期待得到消費者對於產品的回饋和意見，在眾籌過程中，發起人在分析市場資料中可以預先評估提案在實際操作中是否可行，提前思考產品的行銷方案。眾籌平臺讓消費者透過互聯網一起參與提案的開發及最終的生產，良好的互動過程及最終帶來的效果，讓消費者真正意義上成為了產品的生產主力。

眾籌作為發起人和贊助人分享產品意見的平臺，讓產品從供人消費變為替人服務。生產不再只是生產廠商一方的事情，贊助人也可以透過眾籌平臺參與到產品生產的過程。傳統的生產方式會漸漸衰落，而消費者參與生產的模式將成為未來的主流。

另一方面，消費者也會因為眾籌，能夠根據自身的需求和喜好來決定將來市場的產品生產趨勢。

「Blink Sunshine——世上最接近自然陽光的光源」，這是一款迄今最接近自然陽光的LED照明燈，在「眾籌網」上線的第一天就有非常好的市場反應。該提案發起人在採訪中表示，「眾籌網」科技類向為創客們提供了與消費市場直接接觸的平臺，可以讓創客們聆聽消費者內心的需求與渴望，只有如此才能做出貼近市場，能充分滿足消費者需求的科技產品。也正是因為有了與消費者的互動，真實地聆聽消費者的心聲，才有了世上最接近自然陽光的光源「Blink Sunshine」，並且受到諸多消費者喜愛和追捧。

❸ 打破不合理的市場結構

在傳統資本密集、高資源投入的領域存在著巨大的毛利，而毛利的背後隱藏著一個不合理的市場結構。2000年之際，互聯網慢慢進入人們的

視野，從「淘寶」掀起的網購熱潮開始，這種傳統的生產模式已經開始改變。而眾籌的加入，可以動員廣大提案發起人以低門檻的方式籌集到所需要的資本，此具備了打破原有不合理市場結構的可能性。商品的價格更加親民，商品本身更加符合消費者所需，這樣的模式將會引領更多人參與其中，也會得到更多消費者的支持。

眾籌模式，讓商品具有更多的草根精神，參與感讓贊助人體驗到更多的樂趣。打破不合理的市場結構，揮別名牌效應，從此讓一心追逐價格和品牌的消費者不再趾高氣昂。產品生產的透明化、親民化、人性化讓我們不必再花高昂的價錢才能買到自己稱心如意的產品。

回歸到一切從實際出發的「三實」感，用樸實感去追求、用踏實感填滿心靈、用紮實感決定態度，去傳承和譜寫屬於我們自己的商業文化精髓。

④ 企業管理轉向消費者需求

互聯網思維讓企業不再賣產品，而是根據消費者的需要製造產品，眾籌讓企業站在消費者的角度看商業市場。並非最好、最貴的產品才適合消費者，真正適合他們的是他們所需要的！

眾籌模式讓企業在市場上單打獨鬥的形式成功轉型為與消費者一起創造品牌的美好畫面。它讓傳統產業毫無保留地聚焦在互聯網舞臺的燈光之下，讓每一個關注的贊助人與潛在客戶參與在其中，如果說工業化帶來的是產品技術至上，曾經征服了一批又一批消費者，那麼眾籌模式才是真正打開了消費者心靈，給他們帶來了最佳的產品選擇。

傳統產業的未來因眾籌開始轉變，面對這樣的變革，我們必須做好充分的準備。

9-2 綜合性眾籌平臺將幾家獨大

　　幾年前，中國的網路團購企業的數量曾一度呈現出爆發式增長。小到幾塊錢的糕點、冰淇淋，大到幾千元的美容護理、攝影寫真，都是團購的搶手貨。然而競爭日益激烈，生存空間開始縮小，許多管理不善，缺乏資金的小型團購企業紛紛宣告倒閉。最終，中國「美團」、「大眾點評」、「糯米網」等幾家實力最為強悍的團購網站牢牢佔據了市場主導地位，呈現出了幾家獨大的場面。

　　這是幾年前團購行業洗牌的場面，而未來，眾籌也勢必經歷這樣一個過程。

　　互聯網金融的發展速度之快也帶動了各類眾籌平臺的成立，眾籌平臺的數量與日俱增，發展速度快速，資金募集規模也逐漸增加。然而在這個時刻變化著的互聯網時代，企業巨頭們佔據著市場大量的資源，眾籌平臺必然會像網路團購一樣，經過一番洗禮和整合，最終將幾家獨大。

　　中國較為知名的眾籌平臺有「眾籌網」、「天使匯」、「追夢網」、「大家投」等等。其中最知名的綜合性眾籌網站以「眾籌網」為代表，它作為網信金融集團旗下的眾籌網站，現在主要以公益、科技、藝術、娛樂、出版、農業、商鋪幾個綜合類向為服務主體。

　　眾籌之所以能受到越來越多人的關注，最主要的原因就是「人氣」，眾籌平臺將社會各界人士集合一起，共同參與提案，各界人士都能在這裡貢獻自己的力量。籌人、籌錢、籌資源，但眾籌模式卻把籌人放在第一位。

　　在眾籌模式下，眾籌提案的參與人數眾多，每一個贊助人都有可能帶給提案方資金之外的資源，這遠遠是線下單一投資機構或投資人所不能比

擬的。這種資源可能是人脈、管道、智慧、場地，也可能是某些行業內鮮為人知的經驗、技能、商務邏輯。理解了這點，就完全可以瞭解眾籌為何發展地如此迅速。

談及眾籌未來的市場格局，「好夢網」的創始人聶超曾說：「我之前四處奔走，卻幾乎找不到優秀的提案，有的發明甚至很不成熟。」沒有好的提案，眾多網友不願支持眾籌，有回報的希望才會投入，誰都不願拿錢打水漂。沒有好的提案，自然難以吸引支持者。面對當前局勢，眾籌也許只有靠商業巨頭們的加入才能重新獲得資源，當然，巨頭們並不是廣撒漁網，而是憑藉他們多年經商所累積的經驗，判斷出哪些眾籌平臺是潛力股，然後施以援手。因此，未來眾籌的局面透過洗牌，終將幾家獨大。

互聯網的巨頭們從來不會錯過任何一場盛宴，於是「阿里巴巴」、「百度」、「京東」紛紛進軍眾籌領域，並且都取得了一定的成績。

2014年3月「阿里巴巴」推出「娛樂寶」，預期年化收益率為7%，籌集的資金主要用於支持電影的拍攝，雖然阿里巴巴表示「娛樂寶」不是眾籌，但透過債權式眾籌的分析，我們可以認為，這款產品的概念就是P2P債權式眾籌，產品一推出即收到很多粉絲的支援。

相比之下，「百度」更有自己的想法，「百度」設立的「百度金融」推出眾籌頻道，聯合「愛奇藝」、「PPS」踏入影視眾籌領域。百度公司的高層指出，百度正在打造互聯網眾籌平臺，未來將會有大量的電影專案在百度的眾籌舞臺出現，其他產業也會陸續上線。面對這樣的境況，不少影迷躍躍欲試。

「京東」眾籌平臺於2014年7月1日正式上線。眾籌平臺上線的同時也有若干提案一併上線。首批上線的眾籌提案便得到眾多用戶的關注及熱捧。短短幾天，包括「智慧機上盒ZIVOO」、「智慧空氣淨化器」等多個提案都超額完成目標，其中在新書首發的一則提案中，更是在短短一個月內募集了超過目標金額17倍的資金，這驚人的成績使人跌破眼鏡。

在京東後期的眾籌提案中，「COLOUR智慧山地車」算是一個比較典型的

案例：

「COLOUR智慧山地車」是目前京東眾籌中支持者人數最多的一個科技提案。該提案2015年10月開始發起，發起人預訂的融資金額是在30天之內融到100,000元。但是，提案上線之後，其受歡迎的程度大大超過了預期，至11月2日，僅17天的時間，就已經募集資金964,189元，達到了預訂金額的964%，支持者人數更是達到了37,257 名，成為京東眾籌平臺上最受歡迎的提案。

「COLOUR智慧山地車」是一款以「科技改變騎行」為主題的智慧自行車，這款智慧山地車能夠全程記錄騎行者每天的行程，計算騎行的里程和消耗的熱量。騎行者也可以自行設計騎行計畫，智慧自行車可以幫助人們完成每日的運動量，讓騎行者對自己瞭解的更多一點。

「COLOUR智慧山地」車提案的眾籌無疑是非常成功的，從該提案贊助人眾多這一點可以看出，人們對科技產品的熱愛與對健康的關注。

清科研究中心公布了中國眾籌資金月度報告，在2015年5月，中國眾籌平臺共募集資金總額約為2053.67萬元，中國人民銀行副行長劉士余稱，眾籌在中國未來3年內將成為世界第一，到2025年，中國的眾籌市場可能達到500億美元，這些無疑反映了一個事實，眾籌規模的不斷擴大，電子商務大佬不斷地加入，將會形成一個整合的局面，在大面積洗牌後，互聯網會讓綜合性眾籌進入一個幾家獨大的新時代。

並非只有互聯網巨頭來分羹，中國的國有企業也不甘落後。2014年11月，「文籌網」正式進入人們的視線，較之其他眾籌網站，「文籌網」有著自己的特色。據介紹，文籌網具有國資背景，其股東之一「北京東方信達資產經營總公司」是大型國有企業，資金實力雄厚，並且擁有眾多資源。

由於互聯網巨頭和國企的紛紛參與，綜合性眾籌平臺將會大大提升認知度，贏得更多人的關注，這對眾籌將來的發展起著不容小覷的作用。

相比於傳統領域的融資和服務，眾籌的門檻相對較低，只要有好的創

意，都可以透過眾籌平臺發起提案，隨著互聯網巨頭和國企的紛紛加入，眾籌在培育初期提案和種子企業的過程中，勢必會加大投入和擴大影響，利用其特色將眾籌引入一個全新的金融體系，幫助夢想者多方位孵化創新提案，為其錦上添花。在集合了獎勵、公益、股權、債權等多種眾籌形式於一體的模式下，與知名度較大的舞臺進行合作，能給眾籌一次徹底的整頓，取其精華，去其糟粕。

贏得人群，就等於贏得未來眾籌的機遇，綜合性眾籌平臺也會因人而變得越來越壯大，在透過市場調節和各個平臺的整合階段進行一場大洗牌，最終迎來綜合性眾籌平臺幾家獨大的態勢。

透過眾籌打造多方共贏的生態圈

任何一種商業模式能否持續發展，其根本原因在於能否打造出一個擁有具成長性和盈利潛力的「生態圈」，眾籌也是一樣。

未來眾籌領域很可能成為資金市場的主競爭市場，多方平臺與領域將透過眾籌此一模式，營造一個全面、完善、和諧、共贏的「生態圈」。

眾籌產業生態圈，是一種眾籌企業向贊助人提供服務的新模式。此模式不僅僅給提案發起人提供單個的籌資管道平臺，還配套了其他關係企業的生產營運各個環節的種種服務，它有效開闢了一條合作緊密、互補優勢、共用利益、共擔風險的多元化道路。在這條路上，傳統的社會關係、產業鏈、生產模式、消費模式、商品流通模式等都會出現不同以往的變化。企業或者眾籌提案也將進入一個平等、開放、共用的「生態圈」裡。

「生態圈」是一個完整的系統，在互聯網的大環境下，「生態圈」系統下的每個環節都是互相聯繫、相互依存的。在眾籌營運的過程中，眾籌平臺以及投融資雙方，透過眾籌模式產生利益聯繫的同時，同時影響了其他領域。可以從以下幾個方面來分析：

① 眾籌過程涉及到眾多領域

一個眾籌提案，從發起到眾籌完成的整個過程，涉及到的不僅僅是投融資雙方，還有與相關的其他領域。例如，專案發布時，涉及到市場推廣領域；文案的創意、圖片的拍攝；融資時涉及到金融領域；與投資人溝通還涉及到社交傳媒和平臺；多數提案還會涉及到政策和法律方面問題。

2015年4月，「蘇寧」眾籌平臺建立，這是繼「淘寶」、「京東」之後又一大電商平臺加入到眾籌行列當中。據悉，「蘇寧」眾籌平臺將涵蓋智慧硬體、

影視娛樂、體育、農產品等多領域，未來還計畫上線房產眾籌、金融眾籌方面的提案，拓寬業務面。

在影視娛樂方面，「蘇寧」眾籌將利用PPTV的自身資源對產品進行包裝；針對農產品提案，將會利用「蘇寧」在三、四線城市的農村服務站，讓偏遠地區的稀缺農產品進行提案眾籌，例如：雅安地區的櫻桃等。在「蘇寧」眾籌平臺，對提案不設門檻，並在金融、營運推廣、產品生產等環節對小企業進行特別扶持。

與其他眾籌平臺不同的是，「蘇寧」眾籌平臺本身擁有一定的資源，在幫助專案發起人眾籌時，「蘇寧」眾籌平臺不只能幫助提案發起人籌集到資金，能更利用自身的資源，滿足提案完成資金以外的許多需求。例如營運推廣、產品生產等環節。同時，與提案發起人接洽的也不僅僅只是普通的投資人，更有生產、銷售、市場等環節需要涉及的領域內的企業和個人。這些領域內的企業和個人，也會隨著眾籌提案的發展，實現利益的共贏。

❷ 眾籌雙方構建起「生態圈」

透過「眾籌」，投融資雙方實現了即時溝通和相互瞭解，這樣的溝通貫穿眾籌提案的整個進程，在此過程中，眾籌提案可以建立起有效的線上社會化網路，使得投融資雙方能夠形成社區，並傳遞信任。同時，眾籌的蓬勃發展，將在整個社會範圍內建立一種創業文化，包括推動共用辦公室、孵化器、加速器等，為提案發起人和投資人之間構建起溝通的橋樑。

這樣的過程就構成了一個聯繫技術、經濟、文化到社會的一個閉合的「生態圈」，在眾籌的過程中，整個「生態圈」中的各方都是共贏的。

❸ 眾籌，籌的是資訊和資源

在眾籌過程中，眾籌最終籌到的不僅僅是資金，而是新的金融模式下的資訊。信用、誠信、風險管理、資源、人脈與合作都是眾籌金融模式裡

的重要支撐，這些資訊涉及了眾多領域，而這些領域內的其他資訊也是相互連結的，資訊與資訊之間、關係與關係之間相互連接，最終構成一個閉合的「生態圈」。

從另一個角度來說，眾籌提案人與贊助人來自於不同的地域和領域，每個人的背後都有許多資訊，這些資訊互相產生交集，衍生出更多的資訊。

此外，眾籌的創新思維對傳統企業也產生了巨大的衝擊力，透過傳統企業的加入，形成一個綜合性的生態圈，開啟一種全新的商業模式。無論是產品、銷售、服務、物流等環節，都可以同時構建起立體網路平臺，注入人人互動的因素，打造「微商、移動娛樂、自助微超、連鎖、股權、眾籌」等多方位的價值鏈和生態圈，在更廣的領域內實現共贏。

事實上，金融的本質就是資訊，所有金融產品的不同組合，產生的資訊就是每個互聯網上的個體節點。在每個節點的一連串運行動作中，一切的注意力都轉向獲取資訊，而資訊越多，價值就越大。金融以眾籌模式所衍生出的軌跡與資訊，才是眾籌的生命所在。

在金融界，資訊、信用、誠信、風險、資源、人脈等綜合因素，都比金融模式本身價值更高。在生態系統中，眾籌模式更關注如何能多方面的獲取資訊從而獲得真正的價值，眾籌依附金融所衍生出的資訊與使用者流量，才是眾籌最大的價值所在。

因此，建立一個生態系統並管理，才是眾籌金融的真正內涵，也是其他互聯網金融生態存在的核心。全面整合眾籌的產業鏈和「生態圈」，實現更多平臺、資本、團隊的加入，是眾籌未來的希望。

9-4 未來中國的股權眾籌突破之路

　　股權式眾籌是指公司出讓一定比例的股份給一般投資人，投資人透過出資入股公司，獲得未來收益。其實關於股權式眾籌，這個概念在英國已經非常普及，投資人可以透過股權式眾籌的模式，成為一個新型公司的執行人或股東。

　　「Crowdcube」和「Seedrs」是近年在英國短期內取得可觀成就的股權式眾籌平臺，這兩個平臺甚至得到了英國政府的高額稅務補貼。英國政府發布了兩個法案：「SEIS」《幫助投資新興企業法案》和「EIS」《投資新興企業法案》，法案的頒布有效降低了投資人在對新興企業注資時的風險，並且為將來就業率和稅收增長提供了良好的環境。

　　在中國，股權式眾籌已經有所發展。眾所周知，集資並非新事物，而它也是眾籌概念的核心，只是互聯網的誕生讓發起提案的集資人與公眾之間的資訊傳遞變得簡單、快捷，最重要的是資金支付的成本大大降低，所以網路型的集資就以「眾籌」這樣一個新興名詞在互聯網上崛起。

　　眾籌的市場規模不斷擴大，2012年，它的籌集資金已達到28億美元，北美的年增長率達到了105%，其發展速度之快令人咋舌。

　　2025年，全球眾籌市場規模可能將達到3,000億美元，發展中國家市場規模將達到960億美元，其中500億美元在中國。不過對於傳統證券公司發行中保薦人、承銷商和各類專業人士的背書，網路上建立的平臺也許缺乏信任，對於資金的金額也會有一定的限制，因此股權式眾籌還發育不成熟，不能進行大額的融資提案。但較適用於小額融資，它的出現或許能給中小企業和創業型新興企業帶來新的契機。然而在現行法律的限制下如何開展股權式眾籌還是一個問題。

　　中國《證券法》第10條第一款規定：「公開發行證券，必須符合法律、行政法規規定的條件，並依法報經國務院證券監督管理機構或者國務院授權的部門核准；未經依法核准，任何單位和個人不得公開發行證券」。在核准的法定要求下，發行人如果希望豁免核准程式，只能透過「非公開發行」的形式來實現。

　　在現行法律下，股權式眾籌只有透過私募眾籌這條合法途徑來實現。根據法律規定，非公開發行證券只有一種界定的方式即向特定對象發行累計不超過200人，不過對於特定對象的定義《證券法》並未展開明確的規定。所以在理論上認為那些能夠在法律上足以保護自己的投資人就可以稱之為「特定對象」，他們與發行人可能有些特殊關係，在投資經驗方面也有一定的見解，自己有足夠的財產。

　　在實際案例中，多數國家一般以「資金的多少」來界定那些非公開發行的證券，它能為商業活動提供較準確的標準界線。其它理論的認定可能更加主觀化，需要結合個案進行分析，不確定因素相對較多，對於監管者和發行人也許都是一種風險。由於目前的中國對財富標準並沒有一個明確的劃分，只能靠自己去試水溫。例如，可以透過採取最低購買金額的方法來保證投資人的符合標準等等。

　　就目前中國股權式眾籌實踐平臺來說，「天使匯」可以作為較成功的代表，它的制度對參與者前期的加入就設置了門檻。例如，對投資人進行審核後採取會員制的管理方式，包括對於那些沒有證券投資經驗的投資人實行禁足制度，在專案參與上投資人數將受到嚴格的控制來防止超額。

　　另外還有「大家投」，其建立的平臺還借鑒當年淘寶轟動一時的「支付寶」理念，發明了「投付寶」來保證資金的安全，維護了投資人的利益；「創投圈」的興起比起前兩者來得比較有創意，它是透過諮詢服務和協力廠商資料的提供來吸引參與者，在投資人和發起人之間建立起了一道完善的資訊參考與分析價值的橋樑。

　　股權式眾籌在中國的商業模式下有著巨大的發展空間，在移動裝置和

互聯網普及的時代，給投資人與提案發起人提供了一個非常大的平臺，眾籌甚至可以在未來提供線下的交流互動，在資訊披露和融資方面的進展、專案資訊、公司概況等等面對面的接觸中建立更多的信任與保障。

當然，另一方面，股權式眾籌也是目前在中國法律風險最大的一類眾籌，但其既解決了傳統融資方式中大量隱藏成本的融資問題，又能有效激發一般民眾的投資願望，擴展投資管道。因此，股權式眾籌是發展空間最大的一種眾籌模式。在不遠的將來，中國股權式眾籌突破之路會越走越通暢。

未來的眾籌平臺，勢將演化成股票交易所

眾籌模式已在全球各行各業翻天覆地展開，而未來眾籌平臺的發展勢將演變為股票交易所，就是「股票交易平臺」，例如有「主版」股票，也就是資本額、公司規模有限制，降低標準是「二版」，再降低標準是「三版」，這是中國大陸用語。

「主機板市場」也稱為「一板市場」，指傳統意義上的證券市場（通常指股票市場），是一個國家或地區證券發行、上市及交易的主要場所。未來人才或團隊或其他任何資源都可以IPO（Initial Public Offerings，簡稱IPO，首次公開募股），也稱為首次公開發行股票。

臺灣則是「上市」為主板，「上櫃」為二板，「興櫃」為三板。美國的主板則是「道瓊工業指數（Dow Jones Industrial Average Index）」，「納斯達克綜合指數」（NASDAQ）為二板，為什麼二板反而感覺較強呢？因為有許多科技公司，資本額並不高，歷史也不長。例如，百年老店的公司如「百事可樂」，則會在主板，「Facebook」則是在二板，是較年輕的公司卻很賺錢。將來的眾籌很可能會分等級，例如為什麼有公司要「上櫃」轉成「上市」？那就是二板轉成主板。但是這對一般的升斗小民來說是有困難的，一般只要能籌集資金、能買賣就已足夠。

所以未來的眾籌平臺，尤其是股權眾籌平臺，世界各國一定會跟股票上市、IPO全部結合在一起，未來人才或團隊或其他任何資源都可以IPO，這是未來的發展可能。

文創產業將因眾籌大放異彩

在經濟全球化的大背景下，一種以創造力為核心的新興產業誕生，我們稱之為「文化創意產業」（Cultural and Creative Industries），它是依靠個人或團隊透過創意、技術和產業化的方式開發以及行銷智慧財產權的行業，其範圍包括廣播影視、傳媒、視覺藝術、雕塑、表演藝術、工藝設計、環境藝術、動漫服裝設計等創意群體。近年來，文化創意產業得到了多數國家的大力支持，各國政府紛紛推出相關政策鼓勵文化創意產業的發展。在這大好形式的推動下，眾籌的出現讓文藝創意產業大放異彩，發展前景非常廣闊。

其實，「文化創意產業」可說是「窮人」的行業，但有個好作品就能一夜致富。一般來說，創意產業在前期對資金的需求並不是很高，幾乎都是靠人的腦力資源，因此才會說這項產業是「窮人」的行業。但是，需求不高並不代表沒有需求，很多文化創意產業的創業者往往囿於資金的限制，最終只能鎩羽而歸。在此背景下，眾籌的出現對文化創意產業來說無疑是久旱的甘霖，在該領域正在扮演著舉足輕重的角色。

在「眾籌網」眾多成功的提案當中，出版、音樂、動漫等文化創意產業佔有很大的比例，這充分說明文創類向的群眾基礎還是比較深厚的。眾籌模式正是利用互聯網的資訊傳播與眾多人脈的優勢，直接對接了文化創意與資金籌集，更為那些喜愛創意的「無產天才們」找到了潛在的粉絲群。

亞洲的眾籌起步雖然較晚，但發展迅速。

反觀中國整個文化領域，尤其是娛樂方面，有著一個特別突出的現象始終為人所詬病：「模仿」。節目形式的雷同讓觀眾不禁唏噓中國創意的

缺失，因此中國也常常以「山寨產品」聞名世界。創意的缺乏導致中國只能淪落為世界文化創意產業的製造工廠。例如，電影《功夫熊貓》、《花木蘭》等在中國乃至全球都取得了很好的口碑，其充滿了中國元素，但版權卻並不屬於中國，這是所有文化創意產業工作者的悲哀，華人創意產業的發展已經到了迫在眉睫的地步。

到底該如何發展文化創意產業？盲目模仿和閉門造車都是沒有出路的，我們必須走出一條具有中國特色的文化創意產業之路。華人年輕一代受日韓、歐美文化的影響很深，我們可以取其精華、去其糟粕，並將華人文化融入其中，創造出屬於自己的文化產品。這條路走起來會很艱難，但慶幸的是，眾籌的出現改變了文化創意產業的創意生態。

以下是一個文化創意成功的案例：

動畫《大魚·海棠》：我們的夢想是做一部打動人心的動畫電影，帶給少年愛與信仰的力量。

提案類型：動畫

目標金額：1,380,000元（人民幣）。

實際籌款：1,580,000元。

2013年6月17日，彼岸天在眾籌平臺「點名時間」上，以「我們的夢想是做一部打動人心的動畫電影，帶給少年愛與信仰的力量」為名，發布了10分鐘的《大魚·海棠》短片，開始以眾籌模式籌集資金。最終，歷時45天，全國各地的3,596名網友集體出資，籌集資金達到1,580,000元，以超出目標金額200,000元的成績完成了這次創意眾籌。

「人的靈魂來自一個完美的家園，那裡沒有任何污穢和醜陋，只有純淨和美麗。靈魂來到這個世界，漂泊了很久，寄居在一個軀殼裡，忘記了家鄉的一切。但每當它看到、聽到或感受到這世界上一切美好的事物時，它就會不由自主地感動，它知道那些美好的東西來自它的故園，那似曾相識的純淨和美好喚醒了它的記憶。」這就是這部動畫電影的主題和靈魂。

　　而其創意主要就是來源於《莊子·內篇·逍遙遊》的「北冥有魚，其名為鯤。鯤之大，不知其幾千里也」，它講述了一個屬於中國人的奇幻故事，影片試圖向觀眾展現那條悠遊在每個中國人血液和靈魂中的大魚——鯤。正是作品本身喚醒了人們最深處的靈魂，給予啟迪意義。從這個角度看，此次眾籌成功絕非偶然。

　　作品原創者梁旋說：「我只關心我們創造的夢是否來源於我們靈魂深處，能否打動觀眾。在設計上，我們對中國的文化進行了深入的研究，發現日本的許多服飾和風格，實際上跟中國唐朝時的風格很相似，我們對此不會避諱。只要是美的，真實的，有根的，就能打動人。對我來說，我們大家都是一群仰望星空的孩子，無論是中國人日本人還是法國人，我們都會被靈魂中共有的情感打動。」

　　從這些隻字片語中我們不難理解為什麼她的提案會得到如此高額的投資金額和巨大的粉絲量。透過這次眾籌，「新浪微博」和「點名時間」上潛伏的大量投資人瞭解到《大魚·海棠》，並找到了梁旋，促成了更大規模融資的成功。

　　眾籌的成功也給投資方一個信心保證，這些資料讓投資方更有效地瞭解市場動態。」梁旋透露，投資方與發行方已經敲定，但處於保密階段不能披露。梁旋表示，已經開始「填坑」，會保持動力直到填滿《大魚·海棠》這一「神坑」。

　　當初只是一個小小的夢想創作，如今卻因眾籌開啟了全球的航行。文化創意產業將因眾籌大放異彩——你，準備好了嗎？

9-6 「微籌」與「雲籌」的未來猜想

在談「微籌」、「雲籌」的未來猜想之前，先來看看互聯網時代那些曇花一現的事例。

對於「網路聊天室」相信大家一定不會陌生，在互聯網誕生的時代，它留下了那一代人的歡聲笑語，可惜，「室」的未來聊著、聊著，就聊沒了。

再說說「團購」，它曾被多數人看好並形成了一股「團潮」，可惜團購團著、團著，就團成了一根雞肋。

對於「未來」兩個字，我們不能只用夢想去詮釋，更多的是要有一種積極的態度和正確的認識。眾籌要繼續活躍在互聯網舞臺，就必須防止因價值缺失而被取代，否則就只能走上網路聊天室和團購的後塵。

隨著「雲」概念的出現，互聯網領域掀起了一股「雲潮」，從「雲計算」、「雲搜索」、「雲引擎」、「雲服務」、「雲閱讀」、「雲盤」，似乎每一種概念都披上了這朵「雲衣」，成為了新的領域熱點。當互聯網金融披上「雲衣」又會是怎樣一種形式呢？這就不得不提「雲籌」。

近年來，互聯網金融在中國開展的如火如荼，從「餘額寶」的推出到「P2P」的盛行，再到眾籌的崛起，充分展現了中國的金融模式正在發生著翻天覆地的改變。在此背景下，「微籌」和「雲籌」應運而生。

對於「雲籌」已經有人搶佔了先機，作為華南最具影響力的天使投資與創業服務機構「深圳創業津梁」，其創始人謝宏於2014年新春年會上提出了「雲籌」的概念，這個沒有任何預兆的重磅消息發布之後，一時間讓很多業內人士感到疑惑。

按照謝宏的解釋，「雲籌」更像是眾籌的升級版，從公司主體結構

的角度出發，股份制與合夥制可以看作是股權式眾籌的昨天；以「天使匯」、「大家投」為代表的多人合投資訊撮合是股權式眾籌的今天；融合了雲架構、雲安全、雲服務、雲資料的「雲籌」才是眾籌的明天。他的理念來自於「匯合」、「統籌」、「釋放」，他將「資源進行聚合，又隨需要進行服務」的理念，將「雲籌」概念完美地和互聯網結合起來。

技術層面上，中國先進的雲計算和雲儲存平臺給「雲籌」提供了雲服務，龐大的資料分析和挖掘技術也是「雲籌」提供給每一個融資者的理論依據，它能使我們掌握提案動態、洞察市場先機，甚至能為提案發起人對眾籌結果作出準確預測。透過這些系統，能給投資人準確的投資決策，並對提案投資後實施一系列提案管理。

當然，「雲籌」屬於互聯網的創新模式，在除了以投資交易、創業服務、投後管理作為主要平臺外，它必須在資料的隱私與安全以及資金有效協同等方面做出突破性的保障。

隨著「雲籌」序幕的逐漸拉開，創業服務機構、天使投資基金和一些知名上市公司紛紛積極回應，與創業津梁建立起戰略合作關係。「雲籌」正在成為互聯網眾籌的新寵兒，「雲籌」的好戲已經轟轟烈烈地開場了，我們期待它能給中國的互聯網金融帶來更多驚喜。

相比「雲籌」，「微籌」是個尚未誕生的概念。從字面意思上理解「微籌」，顧名思義，即是以微小的金額為基礎發起的眾籌提案。它的籌集金額可以是1元，或者更少，一般在眾籌領域，2,500元（新台幣）以下的眾籌都可以被稱作「微籌」。這種模式的眾籌具有低門檻、多樣性、依靠大眾力量、注重創意的特徵，它更傾向於草根化。尤其在公益眾籌領域，這樣的模式可以很好地在贊助人和提案人之間進行一個低成本的互動，它不需要股權設置，只需要有意向的人參與即可。

以近年來較受人矚目的環保公益為例，當我們飽受霧霾的嚴重侵襲之際，在穹頂之下，誰為我們的生存護航？南極海上，誰會為氣候變化承擔？一些環保人士為了人類共同的家園而奔走呼告，而「微籌」的理念使

這份「愛」的能量傳遞得更遠。這就是「微籌」的力量，它可以將這些微小的能量積少成多，形成巨大的能量。

「微籌」除了字面上的解釋外，還應該有「透過微信進行眾籌」的意思，在互聯網金融的大環境下，移動互聯網金融正在成為席捲全球的商業模式革命。在「頻繁滑動拇指」的時代，擁有6億用戶的「微信」似乎已經成為中國家喻戶曉的社交平臺，在地鐵上、公交車裡、商場、餐廳隨處可見刷著手機螢幕的年輕人。

隨著「財付通」的開通，這樣一個強大的用戶群嫁接上「O2O」，足以讓它成功蛻變成最具存在感的商務領域，甚至在商務平臺中出現了「微商」一詞。

因此，眾籌和微信的結合，讓我們的想像空間可以無限放大。「微信眾籌」在行銷、用戶、籌資、消費等多方面有著巨大的優勢，它的出現讓眾籌更加普及，使得越來越多的人都開始加入到眾籌當中。

無論是互聯網式的「雲籌」，還是結合了公益與移動式的「微籌」，這些之後掀起的「概念籌」將給我們帶來無限的遐想。眾籌在中國的發展將會何去何從我們不得而知，唯一可以確信的是，未來還會衍生出更多類似「微籌」、「雲籌」的新型眾籌模式。

9-7 眾籌即將走向「服務化」

涉獵過眾籌領域的人都知道，多數的眾籌平臺都是在提案與贊助、投資的對接基礎上建立起來的，這似乎已經成為眾籌提供服務最主要的理念。

但在眾籌越來越盛行的今天，不管是投資人還是提案人，他們所需要的都不僅僅只是一個資訊對接平臺，未來的眾籌更需要建立成為一個「以服務為核心」的平臺，這個平臺不僅完成資訊的對接，還能推動提案的進展，建立一個公平、信任的機制。

在現有的環境下，互聯網金融本身存在著一定風險，尤其是剛興起的互聯網眾籌概念，更是讓很多投資人望而卻步。這一問題的產生，歸根究柢就是因為資訊不對稱，以及由此而來的彼此之間的不信任。

舉例來說，在眾籌平臺上，投資人將錢投入到創業提案中，只有等投資人的回報真正落實了，這項業務才算真正完結。如果這項投資最終沒有盈利，甚至是投資金額有去無回，投資人也應該有權瞭解專案是如何失敗的。但是目前的眾籌平臺做得還遠遠不夠。

因此，如何建立起一個信任機制在眾籌領域十分重要，這不僅僅是靠提案資訊公開就能完成的，還需要眾籌平臺透過長期的努力累積足夠多的成功提案，建立起公信力，才能逐漸緩解當前存在的信任危機。

眾籌平臺想要有更長遠的發展，必須更加趨於「服務化」，這樣的服務不僅外在需要配備更多的創業服務團隊來跟進專案，更重要的是提案人與投資人之間的交流與溝通。我們從兩大方面來談談實現服務化的具體切入點，首先是平臺的資源建設和整合：

❶ 打造一支專業的創業服務團隊

眾籌平臺想為提案發起人或者投資人提供更好的服務，首先就必須具備一支專業的創業服務團隊。在這個團隊中，服務人員不僅須具備專業的眾籌知識，而且要有足夠的耐心和熱情為眾籌雙方提供高品質的幫助和指導。一方面體現專業性，另一方面體現人性化，這樣才能真正在發起人和投資人之間搭建起一種和諧、穩定、高效的關係，最終推動專案的進展，保證雙方獲益。

1. 打造專業化的服務體系

為了更好的發展，眾籌必須走向「專業化」和「制度化」，與此同時，眾籌平臺的服務也必須走向專業化、體系化、制度化。整個體系應包括具體的服務章程、人員構成體系、人員職責、服務標準和考核標準等等，保證整個平臺的服務都處於一種可監督、可考核、可衡量的狀態，這樣才能最大化地提升服務品質。

2. 掌握豐富、專業的投資人資源

對眾籌提案來說，投資人的價值絕不僅僅在於提供資金支持。如果你是提案發起人，你能找到一個有豐富經驗的投資人，那麼你就等於為自己找到了一個志同道合且能為你帶來實際幫助的合夥人，甚至是創業路上的指路人。

對提案來說，一個實操經驗豐富的投資人也能及時給予豐富的、有針對性的指導，最終提升專案運作的效率和成功率。

因此，為了給提案發起人提供這方面的支持和幫助，眾籌平臺就需要挖掘和聚集豐富的投資人資源，找到他們擅長的領域，合理引導，最終發揮他們除了資金意外的價值。這樣不僅能大大提高提案的成功率，還能有效地促進提案人和投資人之間的情感，為實現雙贏和提升信任度創造一個有利的環境。

❷ 具有豐富的社會資源

前述，眾籌不僅能籌錢，還能籌人、籌智、籌未來，當然也要籌各式各樣的資源，這正是社會資源的價值。一個眾籌平臺，只有具有豐富的社會資源，才能為提案發起人或創業者提供多方位、全角度的服務。毫無疑問，也只有這樣的平臺，才能贏得他們的青睞。

這是在資源和服務體系的建立上，眾籌平臺需要具備的條件。而在具體操作中，為了提高服務化水準，眾籌平臺也必須做到以下幾點：

1. 開始前：實現提案產品化

提案眾籌成功前，眾籌平臺要透過整個服務體系，實現提案的產品化，即將眾籌雙方的需求——融資需求和投資需求變成實實在在的一份融資產品或投資產品，同時要將資本市場的規則、投資價值理念貫穿到融資專案中去，如此一來，投資人與提案發起人的溝通成本將會大大降低，同時也有利於投資方完全瞭解創業團隊的創業理念、創業方案和專案進展等多方面資訊。

對於眾籌平臺來說，僅有單次的產品化行為還不夠，還必須形成一個長久的機制，這樣才能保證眾籌提案在規範內進行，並為其提供專業化的、標準化的服務，同時提升整個平臺的運作效率。

2. 過程中：保證即時、高效溝通

在眾籌過程中，提案發起人、投資人以及平臺自身，三者之間的充分交流也是非常必要的。為了提高溝通效率和服務水準，眾籌平臺可以提供線上和線下的交流平臺，並且可以在交流過程中對創業專案提供更多專業化的服務，讓提案發起人和投資人更加互相理解、互相信任。

在融資成功後，眾籌平臺還可以設立相應的法人組織來保障各方權益，有效幫助投資人享受專業的投資服務，在這個階段中，眾籌平臺對於提案進一步的育成和成長也必須擔起責任。

其次，在服務配備條件逐步完善的過程中，還要對投資人及提案發起

人的內在提升方面做功課。有時一些提案會因各種不可抗的因素而失敗，這就需要雙方都有良好的心理素質。能夠接受失敗，並從中總結經驗教訓，就為下一次的嘗試打下堅實的基礎。

3. 結束後：保障落實和實施

對眾籌平臺來說，一個提案結束之後，絕不意味著服務的結束，甚至後續的服務要更為重要，因為它更關係到平臺的聲譽和公信力。

具體來說，提案融資結束之後，眾籌平臺一方面要督促投資人落實和實施相應的承諾和服務，推進專案的進一步育成和成長；另一方面也要做好投後的服務管理工作，保障投資人的利益得以相應實現，例如參與權、知情權、獲利權等等。

眾籌就像一塊土壤，由提案發起人播種，然後與投資人共同呵護慢慢成長的幼苗，在幼苗成長的過程中，需不斷澆水施肥，直到幼苗長成參天大樹。當然，這期間土壤也必須為幼苗提供其生長所需的物質與養料，因為幼苗紮根在土壤。

對於眾籌平臺來說，它必須做到將更多服務化理念運用於這個平臺，才能走得更遠更長久。而走向服務化，也是未來眾籌必然發展的趨勢所向！

附錄一 眾籌課堂學員實作案例 (Before)

學員：林書弘

提案修改前

📢 **提案名稱：Edenet 伊典網珠寶藝術品投資網站創建募資計畫**

📢 **募資時間：2016 年 1 月 1 日至 2016 年 12 月 31 日**

📢 **募資金額：3,000,000 元（新台幣）**

📢 **提案內容：**

　　Edenet 伊典網是以推廣並落實珠寶藝術品投資為目的，為協助廣大的消費大眾直接 P2P 變現，出典珍貴的投資收藏品。英文名 Edenet 是 Eden + Net 所組成，取伊甸園之諧音譯，以期成為珠寶投資大眾的伊甸園。

　　大體上，由鑑定專業公證單位把關，聘請田黃石、珠寶、書畫、瓷器等各方專業人士為消費者提供諮詢與公證服務。消費者可於網站上「出售」與「出典」有價動產（珠寶藝術品），以免於珠寶業者剝削，一隻牛剝多層皮。對於賣方（典當人）可得到較合理的典當金額或售價，對買方可低價購入或獲取利息。

　　為免紛爭，買賣過程由伊典網專家顧問群提供諮詢服務，並不定期舉行教育說明會或拍賣會，獲利模式以會員年費，顧問公證及交易行政費用為主。

📢 **眾籌回饋：**

　　◆ 每人限投入 5,000 元，可享 5 年免年費（年費為 10,000 元），另由 Edenet 提供 10 件物件免費諮詢顧問服務。

　　◆ 不限金額（25,000 元），可享 5 年免年費並折抵 3 倍鑑定費用。

售（典）→ Edenet（Max 保障利益）→ 買（出典）

（圖為學員林書弘「Edenet 伊典網珠寶藝術品投資網站創建」提案）

After

提案修改後

📣 **提案名稱：6 分鐘學寶石～珠寶投資術 DVD**

📣 **募資案由：以 6 分鐘學寶石 DVD，讓消費者以最低成本及最快速度學會珠寶投資術。**

📣 **募資時間：2016 年 1 月 1 日至 2016 年 12 月 1 日**

- ◆ 臺灣聯合玉石鑑定所所長親授
- ◆ 6 分鐘學寶石 5 大訴求
- ◆ Cost GIA 鑑定師 52 萬學費 最低門檻 500 元
- ◆ Avoid 買到假＆買到貴 買真 買便宜 賣賺錢
- ◆ Efficiency 快速、有效、成為專家
- ◆ Content 互動教學如親臨指導
- ◆ Result 教你鑑賞投資也懂買賣

📣 **案型**

- ◆ 100 元純贊助
- ◆ 500 元消費者專案（DVD ＋手冊）
- ◆ 1,000 元鑑賞家專案
  （DVD ＋手冊＋實用寶石學）
- ◆ 2,000 元事業珠寶家專案
  （DVD ＋手冊+實用寶石學＋工具）
- ◆ 3,000 元鑑定專家套組
  （DVD ＋手冊＋實用寶石學＋全配）
- ◆ 200,000 元地區代理專家套組
  （外加課程與鑑定券 10 張）

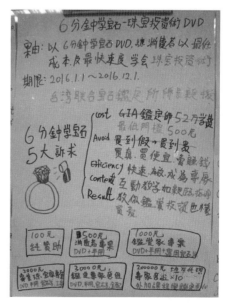

（圖為學員林書弘修改後提案）

提案修改前

📢 **提案名稱：運用不動產投資成功的祕密**

📢 **提案內容：**

我們的專業團隊，整合了律師、代書及專業投資人，把不動產市場獲利的機會及資源整合，協助大眾揭開不動產市場的神祕面紗，甚至化行動為本身的籌碼。

◆ 只要 500 元就可以收到所有市場上曾經成功的案例，從土地、預售屋、中古屋、股東戶、包租公等等案例。

◆ 只要 5000 元，您就可以和我們團隊實地在市場參與操作不動產案件，利潤共享！名額有限。

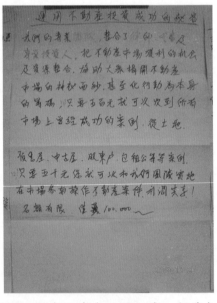

（圖為學員黃義盛「運用不動產投資成功的祕密」提案）

提案優化後

📣 **提案名稱**：不動產實戰創富的祕密（蝸牛翻身必勝術）

📣 **價值主張**：總是覺得不動產高價而遙不可及？羨慕那些免出錢購屋的高手？受夠了試場上無法應用的理論？

📣 **價值傳遞**：我們的專業團隊，整合了律師、代書及專業投資人，把不動產市場獲利的機會及資源整合，協助大眾揭開不動產市場的神祕面紗，化理論為實際獲利的籌碼。從土地、預售屋、中古屋、股東戶、包租公等各種實際案例操作，滿足大家的好奇心外，更有機會參與操作，共享利潤。

📣 **價值實現**：

◆ 您支持我們的共享的使命，捐助我們 100 元！

◆ 您支付 500 元，會收到市場上各種實際操作案例的介紹檔案，由成功案例學習如何在市場操作。

◆ 您支付 5,000 元，可終身參與團隊案件操作，除過去成功案例學習，更可在市場實際操作，享受利益共享的權利。

本專案募集 50,000 元成案。

（圖為學員黃義盛優化後提案）

附錄二 知名眾籌平臺網站

★ Kickstarter：最大最知名的眾籌平臺

Kickstarter 是全球最大最知名的眾籌平臺，由華裔創始人 Perry Chen 於 2009 年 4 月在美國紐約成立。 2010 年，時代雜誌評該網站為 2010 年最佳發明之一。 截至 2015 年 7 月，Kickstarter 已經成功推出了 173,065 個專案，他們抽取成功提案總募資金額的 5% 作為佣金。

★ Indiegogo：所籌資金直接分配給創始人

Indiegogo 成立於 2008 年，業務遍布全球。最初專注於電影類提案，現已發展成為接受各類創新提案的眾籌平臺，從多元化的融資方式中獲得商機。 Indiegogo 不對網站上發布的提案進行審查，支持者承諾支付的資金將會直接分配給提案發起人。 如果提案沒有達到預定籌資目標，則由提案發起人決定是否退還已籌資金。

★ Crowdcube：全球首個股權眾籌平臺

Crowdcube 是世界上第一個以權益為基礎的密集型籌平臺。用戶可以選擇對於在平臺上註冊的企業進行投資。 除了可以得到投資回報和與創業者進行交流之外，還可以成為他們所支持企業的股東。這種模式為社會企業的發展提供了一個非常重要的機會，使得社會企業可以和對社會企業感興趣的投資者建立和保持一個持久性的聯繫。

★ Seedrs：Kickstarter 的「英國版」

在倫敦網絡峰會創業競賽單元脫穎而出的 Seedrs 將目光瞄準了新興的高科技領域，被視為 Kickstarter 的「英國版」。為保證平臺的透明操作，這家公司已獲得英國金融服務監管局的授權並受其監管。 而更吸引英國網民的是，在 Seedrs 平臺上投資提案後，用戶將有機會獲得一定比例的稅款減免。對稅率較高的英國來說，這點對英國民眾理財非常具有吸引力。 在投入真金白銀之前，Seedrs 會要求用戶必須通過一份測試，以表明用戶知曉投資所存在的風險。

★ ToGather. Asia：亞洲第一家眾籌門戶網站

ToGather. Asia 成立於新加坡，2012 年 7 月推出，針對新加坡及亞太地區的提案進行集資。同 Kickstarter 類似，提案創始人向網站提交創新型提案，而網站負責對這些提案進行審核，支持者則通過提供一定的贊助資金獲得提案所承諾的回報。

★ Idea. me：首家支持比特幣支付的眾籌平臺

Idea. Me 於 2011 年 8 月誕生於阿根廷，是一家專注於藝術、音樂以及一

些零售產品的眾籌平臺，發展迅速，並通過收購其在巴西的競爭對手 Mo-vare 鞏固了平臺在拉美市場的領先地位。該平臺最大的亮點是：它是首家支持比特幣支付的眾籌平臺。

★ Gambitious：專注遊戲領域眾籌

Gambitious 誕生於荷蘭，專注於遊戲領域的資金籌集，為開發人員提供完成遊戲所需要的資金。 該網站將忠實的遊戲玩家與遊戲開發商聯繫在一起。 遊戲玩家可以支持喜愛的電子遊戲創意、提供贊助並在遊戲發行前圍繞所支持的遊戲製造相關話題。 Gambitious 平臺集資的重點在投資者。這意味著，為遊戲投錢的人會正式成為遊戲的利益相關者。如果遊戲開始盈利，投資者將參與分成。

★ RocketHub：可進行投票競爭的眾籌

RocketHub.com 是一家位於紐約的公眾集資網站。在這裡，支持者除了投資外也可就提案進行投票，得票最高的提案可以獲得由 RocketHub 提供的商業和營銷援助，其內容包括如與重要公關人員合作的機會等。

★ Fundable：針對初創企業的股權眾籌

Fundable 是一家美國股權眾籌平臺，利用 2012 年頒布的 JOBS 法案 (該法案首次允許未被認證的投資者購買初創公司的股權)，為初創公司提供集資服務。

★ Rock The Post：眾籌網站和社交平臺

Rock The Post 將眾籌概念與社交網絡整合在一起。 該網站使消費者可以圍繞某個初創企業組成網絡社區，通過向這些企業提供資助、時間、建議或物質材料獲得回報。社區的用戶可以相互關注，分享所支持提案的詳細信息。

★ AppStori：針對 app 程式的眾籌平臺

AppStori 是一個針對智能手機應用程式的細分型眾籌及協同開發平臺，這個網站在標準的眾籌平臺基礎上加入了更多消費者與開發者之間的互動。如出售這個 app 的部分權利，或尋找有興趣合作的關注者。用戶可以在網站上與程式的開發者進行對話、幫助他們在發布前完善構想、針對測試版程序提供反饋、建立網絡社區等。

★ GoFundMe：面向個人提案的公眾集資平臺

Kickstarter 籌資的大都是吸引眼球的創意提案，例如水下機器人、智能手錶等。GoFundMe 發布的提案則偏向個人化、生活化。用戶可以為自己的一次海外旅行籌集資金；也可以為一次沒有保險保障的車禍發起一個籌集提案；也可能是某人失業了，需要籌錢交房租等。與其他平臺不同的是，在 GoFundMe 籌款的提案沒有時間和最低金額限制。目前該平臺上最多的提案是為醫療籌款，其次是個人計畫。

★ ZAOZAO：時尚設計眾籌平臺

ZaoZao 一直在努力打造一個眾籌平臺，幫助亞洲各國獨立設計師將自己的作品推向市場。如今，這項服務已經正式上線，成為亞洲第一個時尚用品眾籌平臺。 這個新型的在線平臺使時裝設計師可以在網站上發布自己的作品，並從時尚愛好者那裡獲得用於生產的資金。

★ ZIIBRA：音樂眾籌平臺

預售音樂人社區 ZIIBRA 成立於 2012 年 6 月，致力於把有潛力的或是著名的音樂家與樂迷們聯繫在一起。ZIIBRA 允許藝術家上傳近期將要發布的歌曲，進行預售。參與其中的人數越多，則售價越低，此舉旨在激勵用戶共享他們所買的唱片。

★ 眾籌網：中國綜合眾籌平臺

為支援創業而生 後起而領先的綜合類眾籌網站，有很多高大上的提案，合作資源很豐富，從提案數量、籌資額度及整體品質上看，增長得很快。

★ 淘寶眾籌：最早為面向名人的眾籌平臺

作為淘寶的一個子頁，在首頁有一個很隱密的入口，在眾籌網站中，流量已經算巨大。最早為面向名人的眾籌平臺，現已向所有人開放提案發起。淘寶眾籌提案種類很多，偏向綜合，但還是以預售為主，除了名人提案，熱門的提案基本都是賣東西。

★ 京東眾籌：預售平臺

京東眾籌在 2014 年 7 月上線，最早在京東首頁有「眾籌」子頁簽入口，隨著時間流逝，目前已經被替換成「金融」了，眾籌被歸入京東金融內，但在眾籌網站中流量算可觀。京東眾籌幾乎是一個預售平臺，什麼都賣，以智慧硬體、出版物、演出門票為主。

★ 其他眾籌平臺

中國

● 點名時間　● 開始眾籌　● 騰訊樂捐　● 覺 JUE.SO　● 淘夢網　● 樂童音樂
● 摩點網　● 創客星球　● 藝窩　● 嘗鮮眾籌網　● 天使匯　● 原始會　● 人人投
● 天使街　● 雲籌　● 眾投幫　● 投行圈　● 京東私募股權　● 大家投

臺灣

● flyingV　● ZecZec 嘖嘖　● 夢想搖籃　● HereO　● 群募貝果
● LimitStyle　● 你知我知好學網　● weReport　● Redturtle

日本

● Makuake

附錄三 參考網站及圖片來源

✽ 眾籌網──中國最好的手工釀造陳年紹興黃酒
http://www.zhongchou.com/deal-show/id-32896

✽ 創意小子要"眾籌"上斯坦福做創客
http://jb.sznews.com/html/2014-06/03/content_2894941.htm

✽ 新浪財經──許單單：挺立互聯網創業的潮頭
http://finance.sina.com.cn/times/30.html

✽ 眾籌網──2013 快樂男聲主題電影
http://www.zhongchou.com/deal-show/id-829

✽ 眾籌網──官方原著授權，陳柏言三年傾情創作《後宮·甄嬛傳》畫集
http://www.zhongchou.com/deal-show/id-17442

✽ 眾籌網──讓愛支撐杜呷寺孩子們的生活
http://www.zhongchou.com/deal-show/id-15482

✽ RedTurtle──別讓孩子餓著了～偏遠學童備用早餐募集！
http://www.redturtle.cc/project.php?action=detail&pid=1

✽ 眾籌網──尋找你身邊的抗戰老兵 一份禮包一份致敬
http://www.zhongchou.com/deal-show/id-32167

✽ flyingV──白色的力量：自己的牛奶自己救
https://www.flyingv.cc/project/5717

✽ 數位時代──行政院啟動 vMaker 計畫，三階段打造創客力
http://www.bnext.com.tw/article/view/id/35888

✽ 中國經濟網──張正霖：臺灣文化企業多為小微企業 籌措資金難
http://www.ce.cn/culture/gd/201509/23/t20150923_6562088.shtml

✽ 一堂創業者的必修課
http://www.bnext.com.tw/article/view/id/34365

✽ 群募貝果──自由女神原來是群眾募資的先鋒？！
http://news.webackers.com/?q=node/29
http://www.bbc.com/news/magazine-21932675
https://www.actbycotec.com/en/media.104/articles.168/the_statue_of_liberty_a_pioneering_example_of_crowdfunding.a528.html
。yelloeberry
https://www.kickstarter.com/projects/2126584956/yellowberry-changing-the-bra-industry-for-young-gi

✱ 百萬學費募資大挑戰
https://www.flyingv.cc/project/3040/blog

✱ Pebble: E-Paper Watch for iPhone and Android
https://www.kickstarter.com/projects/597507018/pebble-e-paper-watch-for-iphone-and-android

✱ OUYA: A New Kind of Video Game Console
https://www.kickstarter.com/projects/ouya/ouya-a-new-kind-of-video-game-console?ref=nav_search

✱ Theatre Is Evil: the album, art book and tour
https://www.kickstarter.com/projects/amandapalmer/amanda-palmer-the-new-record-art-book-and-tour?ref=discovery

✱ The Veronica Mars Movie Project
https://www.kickstarter.com/projects/559914737/the-veronica-mars-movie-project?ref=nav_search

✱ Pono Music - Where Your Soul Rediscovers Music
https://www.kickstarter.com/projects/1003614822/ponomusic-where-your-soul-rediscovers-music?ref=nav_search

✱ FORM 1: An affordable, professional 3D printer
https://www.kickstarter.com/projects/formlabs/form-1-an-affordable-professional-3d-printer?ref=nav_search

✱ Planet Money T-shirt
https://www.kickstarter.com/projects/planetmoney/planet-money-t-shirt?ref=nav_search

✱ ARKYD: A Space Telescope for Everyone
https://www.kickstarter.com/projects/arkydforeveryone/arkyd-a-space-telescope-for-everyone-0?ref=discovery

✱ The Order of the Stick Reprint Drive
https://www.kickstarter.com/projects/599092525/the-order-of-the-stick-reprint-drive?ref=nav_search

✱ Rescue The Historic Catlow Theater From Extinction
https://www.kickstarter.com/projects/468036259/rescue-the-historic-catlow-theater-from-extinction?ref=nav_search

✱ 卑南勇士 桌球巨夢
http://www.redturtle.cc/project.php?action=detail&pid=2

* 蔡志忠大師在"國學匯"等您
http://www.zhongchou.com/deal-show/id-34900

* **Oculus Rift: Step Into the Game**
https://www.kickstarter.com/projects/1523379957/oculus-rift-step-into-the-game?ref=discovery

* 我們和你在一起──尼泊爾及西藏災區人道救援
http://zc.suning.com/project/detail.htm?projectId=323

* 眾籌：和知乎一起出版第一本書
http://www.meituan.com/deal/8490506.html

* "生命每一秒──出售我的 100 小時"藝術眾籌計畫
http://www.zhongchou.com/deal-show/id-4530

* 天空菜園──追逐都市的田園夢
http://www.zhongchou.com/deal-show/id-12554

* 嘗鮮眾籌──延安宜川紅富士
http://www.zhongchou.com/deal-show/id-2704

* "理想樂章，與愛童行" 2015 郎朗慈善義演音樂會
http://www.zhongchou.com/deal-show/id-143395

* 健康雲鬧鐘──一個可以搜集健康資料的家庭智慧終端機
http://www.zhongchou.com/deal-show/id-172645

* 讓我們一起開書店，尋找屬於字裡行間的人
http://www.zhongchou.com/deal-show/id-12933

* **Oomi - Welcome Home 2.0**
https://www.indiegogo.com/projects/oomi-welcome-home-2-0#/

* **COOLEST COOLER: 21st Century Cooler that's Actually Cooler**
https://www.kickstarter.com/projects/ryangrepper/coolest-cooler-21st-century-cooler-thats-actually?ref=nav_search

* 籌建拉薩沙發客空間──免費接待旅行者（第二期）
http://www.zhongchou.com/deal-show/id-3733

* 全球首創 LOMO 拍立得相機
http://www.zhongchou.com/deal-show/id-9195

* 楊坤"今夜 20 歲"2014 北京演唱會
http://www.zhongchou.com/deal-show/id-14532

* 清華金融評論──每個人都看得起的頂級財經雜誌
http://www.zhongchou.com/deal-show/id-1939

* 匯源有機草莓，每一顆都珍貴
http://www.zhongchou.com/deal-show/id-2954

* 樂嘉新書《本色》：活出真實的自己
http://www.zhongchou.com/deal-show/id-969

* 海釣達人：海釣人的終極夢想
http://www.zhongchou.com/deal-show/id-5965

*【15 年新米──我的夢想】讓更多人吃上放心糧
https://izhongchou.taobao.com/dreamdetail.htm?id=37761

* 大魚・海棠：一部給少年帶來信仰的動畫電影
http://www.demohour.com/projects/320144

* 聯合新聞網──群眾集資力量大 下一步股權群募
http://udn.com/news/story/6877/1295428-%E7%BE%A4%E7%9C%B
E%E9%9B%86%E8%B3%87%E5%8A%9B%E9%87%8F%E5%A4
%A7-%E4%B8%8B%E4%B8%80%E6%AD%A5%E8%82%A1%E6%
AC%8A%E7%BE%A4%E5%8B%9F

* 知乎──国内有哪些众网站？
https://www.zhihu.com/question/21022884

* 臺灣創客運動
http://vmaker.tw/project

* 新聯在線──看門道、看熱鬧？群眾募資的法律觀察
https://zh-tw.facebook.com/Newuniontaiwan/posts/804372692924594

* 創業者該注意的課：群眾募資的法律關係！- 數位時代
http://www.bnext.com.tw/ext_rss/view/id/659871

* 關於群眾募資與股權群眾募資之法律及政策分析
http://www.twba.org.tw/Manage/magz/UploadFile/4441_032-039-%E9
%97%9C%E6%96%BC%E7%BE%A4%E7%9C%BE%E5%8B%9F%E
8%B3%87%E8%88%87%E8%82%A1%E6%AC%8A%E7%BE%A4%
E7%9C%BE%E5%8B%9F%E8%B3%87%E4%B9%8B%E6%B3%95
%E5%BE%8B%E5%8F%8A%E6%94%BF%E7%AD%96%E5%88%8
6%E6%9E%90.pdf

* 股權群眾募資之制度與管理 - 聯合新聞網
https://www.google.com.tw/?gws_rd=ssl#q=%E7%BE%A4%E7%9C%
BE%E5%8B%9F%E8%B3%87+%E6%B3%95%E5%BE%8B

新絲路網路書店
http://www.silkbook.com

文人創辦 · 獨立經營 · 專業選書

「新絲路網路書店」為國內最早網路書店之一，
提供愛書人輕鬆買書的好選擇。

每月舉辦各類主題書展，不定期新書搶先預購，
豐富好禮大放送和意外驚喜超低價折扣等，
搭起您和閱讀的愛戀關係。

現在上新絲路官網，
你可以獲得許多成功及優惠的資訊，
所以現在立刻馬上加入我們吧！

台北國際書展盛大參展！

現場最大攤位，眾多優惠現場搶購！

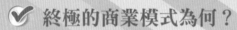

From *ZERO* to *HERO*
先學會這些吧！

翻轉腦袋賺大錢！

2016/6/18-6/19 於台灣台北矽谷國際會議中心，舉辦為期兩日的**世界華人八大明師大會**，國際級大師傳授成功核心關鍵、創業巧門與商業獲利模式，落地實戰，掌握眾籌與新法營銷，提供想創業、創富的朋友一個通往成功的捷徑。

　　創新是由 0 到 1，創業則是將其擴展到 N。大會邀請各界理論與實務兼備並有實際績效之**王擎天、林偉賢、林裕峯**等八大明師，針對本次大會貢獻出符合主題的專才，不只是分享輝煌的成功經驗，而是要教你成功創業，並且真正賺到大錢！

 王擎天　　 林偉賢　　 林裕峯

成功核心關鍵 × 創業巧門 × 商業獲利模式

6/18 專用票

6/18～6/19會台北

世界華人八大明師

2016 大眾創業 萬眾創新

想賺大錢，先來翻轉你的腦袋！

From *ZERO* to *HERO*

◎ 原價 29800 元　　◎ 特價 9800 元
◎ 地點：台北矽谷國際會議中心
　　　　新北市新店區北新路三段223號

國際級大師傳授成功核心關鍵，創業巧門與商業獲利模式，落地實戰，掌握眾籌與新法營銷，助您開通財富大門，站上世界舞台！

采舍國際有限公司

■ 一般席

憑此票券可直接入坐一般席，毋須再另外付費。

　silkbook●com

C-1168 -主聯-

世界華人八大明師
2016.6.18～6.19會台北

姓名：

手機：

E-mail：

C-1168 -大會留存聯-
請將本聯資料預先填妥，謝謝！

今年大會以最優質的師資與最高檔次的活動品質，為來自各地的創業家、夢想家與實踐家打造知識的饗宴，汲取千人的精髓，解讀新世紀的規則，在意想不到的地方挖掘你的獨特價值！八大盛會將給您一雙翅膀，超越自我預設的道路，開創更寬廣美好的大未來！

熱烈歡迎世界各洲
華人返台參與八大！！
憑本券免費進場！！！！

海外人士
免費贈票

請攜帶本書或本頁面或本券，憑護照或機票或

海外相關身分證明(例如馬來西亞身分證Kad Pengenalan)即可直接免費入場！

詳細課程內容與完整講師簡介，請上官網

silkbook○com 新·絲·路·網·路·書·店 新絲路 **www.silkbook.com**

✕ 華文網 http://www.book4u.com.tw/ 查詢

詳細課程內容與林偉賢、王擎天、林裕峯等八大明師簡介請上官網新絲路網路書店查詢www.silkbook.com

―交通資訊―

國家圖書館出版品預行編目資料

眾籌：無所不籌・夢想落地 / 王擎天 著. -- 初版.
-- 創見文化出版 采舍國際有限公司發行, 2016.3
　面；公分 (成功良品；87)
ISBN 978-986-271-657-1 (平裝)

1.電子商務　　2.創業

490.29　　　　　　　　　　　　　104025327

眾籌
無所不籌・夢想落地

CROWDFUNDING
Dreams Come True

成功良品 87

眾籌：無所不籌・夢想落地

創見文化・智慧的銳眼

本書採減碳印製流程
並使用優質中性紙
（Acid & Alkali Free）
最符環保需求。

作者／王擎天
總編輯／歐綾纖
文字編輯／馬加玲
美術設計／蔡億盈

郵撥帳號／50017206 采舍國際有限公司（郵撥購買，請另付一成郵資）
台灣出版中心／新北市中和區中山路2段366巷10號10樓
電話／（02）2248-7896　　　　　　傳真／（02）2248-7758
ISBN／978-986-271-657-1
出版日期／2016年3月

全球華文市場總代理／采舍國際有限公司
地址／新北市中和區中山路2段366巷10號3樓
電話／（02）8245-8786　　　　　　傳真／（02）8245-8718

全系列書系特約展示
新絲路網路書店
地址／新北市中和區中山路2段366巷10號10樓
電話／（02）8245-9896
網址／www.silkbook.com

創見文化 facebook https://www.facebook.com/successbooks

本書於兩岸之行銷（營銷）活動悉由采舍國際公司圖書行銷部規畫執行。

線上總代理 ■ 全球華文聯合出版平台　www.book4u.com.tw
主題討論區 ■ http://www.silkbook.com/bookclub　◎ 新絲路讀書會
紙本書平台 ■ http://www.silkbook.com　◎ 新絲路網路書店
電子書平台 ■ http://www.book4u.com.tw　◎ 華文電子書中心

Ⓑ 華文自資出版平台　全球最大的華文自費出版集團
www.book4u.com.tw
elsa@mail.book4u.com.tw　專業客製化自助出版・發行通路全國最強！
ying0952@mail.book4u.com.tw